城市综合管廊建设与管理系列指南

装配式综合管廊工程应用指南

丛书主编　胥　东
本书主编　莫海岗

U0305079

中国建筑工业出版社

图书在版编目（CIP）数据

装配式综合管廊工程应用指南 / 莫海岗本书主编.—北京：中国建筑工业出版社，2017.12

（城市综合管廊建设与管理系列指南 / 胥东丛书主编）

ISBN 978-7-112-21503-4

Ⅰ.①装…　Ⅱ.①莫…　Ⅲ.①市政工程 — 地下管道 — 装配式构件 — 管道工程 — 指南　Ⅳ.①TU990.3-62

中国版本图书馆CIP数据核字（2017）第275167号

综合管廊是根据规划要求将多种市政公用管线集中敷设在一个地下市政公用隧道空间内的现代化、集约化的城市公用基础设施。

本套指南共6册，分别为《城市综合管廊工程设计指南》、《城市综合管廊工程施工技术指南》、《城市综合管廊运行与维护指南》、《装配式综合管廊工程应用指南》、《城市综合管廊智能化应用指南》和《城市综合管廊经营管理指南》，本套指南的发行对规范我国综合管廊投资建设、运行维护、智能化应用及经营管理等行为，提升规划建设管理水平，高起点、高标准地推进综合管廊的规划、设计、施工、经营等一系列的建设工作和管廊全生命周期管理，具有非常重要的引导和支撑保障作用。

责任编辑：赵晓菲　朱晓瑜

版式设计：京点制版

责任校对：王　瑞　李美娜

城市综合管廊建设与管理系列指南

装配式综合管廊工程应用指南

丛书主编　胥　东

本书主编　莫海岗

*

中国建筑工业出版社出版、发行（北京海淀三里河路9号）

各地新华书店、建筑书店经销

北京京点图文设计有限公司制版

北京建筑工业印刷厂印刷

*

开本：787×1092毫米　1/16　印张：10½　字数：188千字

2017年12月第一版　2017年12月第一次印刷

定价：45.00元

ISBN 978-7-112-21503-4

（31125）

指南（系列）编委会

主　任：胥　东

副主任：沈　勇　金兴平　莫海岗　宋　伟　钱　晖

委　员：张国剑　宋晓平　方建华　林凡科　胡益平

　　　　刘敬亮　闻军能　曹献稳　林金桃

本指南编写组

主　编：莫海岗

副主编：沈　勇　金兴平　宋晓平　张国剑

成　员：方建华　林凡科　刘敬亮　胡益平　李鹏世

　　　　王下军　叶　旻　陈　璞

丛书前言

　　城市综合管廊是根据规划要求将多种市政公用管线集中敷设在一个地下市政公用隧道空间内的现代化、集约化的城市公用基础设施。城市综合管廊建设是 21 世纪城市现代化建设的热点和衡量城市建设现代化水平的标志之一，其作为城市地下空间的重要组成部分，已经引起了党和国家的高度重视。近几年，国家及地方相继出台了支持城市综合管廊建设的政策法规，并先后设立了 25 个国家级城市管廊试点，对推动综合管廊建设有重要的积极作用。

　　城市综合管廊作为重要民生工程，可以将通信、电力、排水等各种管线集中敷设，将传统的"平面错开式布置"转变为"立体集中式布置"，大大增加地下空间利用效率，做到与地下空间的有机结合。城市综合管廊不仅可以逐步消除"马路拉链"、"空中蜘蛛网"等问题，用好地下空间资源，提高城市综合承载能力，满足民生之需，而且可以带动有效投资、增加公共产品供给，提升新型城镇化发展质量，打造经济发展新动力。

　　本套指南共 6 册，分别为《城市综合管廊工程设计指南》、《城市综合管廊工程施工技术指南》、《城市综合管廊运行与维护指南》、《装配式综合管廊工程应用指南》、《城市综合管廊智能化应用指南》和《城市综合管廊经营管理指南》，本套指南的发行对规范我国综合管廊投资建设、运行维护、智能化应用及经营管理等行为，提升规划建设管理水平，高起点、高标准地推进综合管廊的规划、设计、施工、经营等一系列的建设工作和管廊全生命周期管理，具有非常重要的引导和支撑保障作用。

　　本套指南在编写过程中，虽然经过反复推敲、深入研究，但内容在专业上仍不够全面，难免有疏漏之处，恳请广大读者提出宝贵意见。

本书前言

本指南编制的目的是为贯彻执行国家的技术经济政策，在城市综合管廊建设中充分发挥预制混凝土结构的优越性，促进市政工程建设的产业现代化进程，做到技术先进、经济合理、安全适用、保证质量、节能减排。

本指南适用于装配式综合管廊工程的设计、施工及验收。

本指南主要包括材料、结构设计、基坑工程设计、结构耐久性设计、预制结构的制作与运输、施工安装、工程验收、安全文明与绿色施工等内容。

装配式综合管廊工程应用除可参照本指南外，尚应符合国家、地方现行相关的法规和标准的规定。

本指南由杭州市城市建设发展集团有限公司的莫海岗主编，沈勇、金兴平、宋晓平、张国剑副主编，成员为方建华、林凡科、刘敬亮、胡益平、李鹏世、王下军、叶旻、陈璞。本指南在编写过程中，参考了相关作者的著作，在此特向他们一并表示谢意。

本指南中难免有疏漏和不足之处，敬请专家和读者批评、指正。

目　录

第 1 章 概述

1.1 装配式综合管廊的定义

1.1.1 综合管廊（utility tunnel）

城市地下"综合管廊"（又名共同沟、共同管道、综合管沟）是指在城市道路的地下空间建造一个集约化隧道，将电力、通信、供水排水、热力、燃气等多种市政管线集中在一体，实行"统一规划、统一建设、统一管理"，以达到集约化建设的目的（图 1-1）。城市综合管廊改变了以往各种管线各自建设、各自管理的混乱局面。通过综合管廊建设，解决反复开挖路面、架空线网密集、管线事故频发等问题，保障城市安全、完善城市功能、美化城市景观、促进城市集约高效和转型发展。

图 1-1 综合管廊

1.1.2 装配式综合管廊（precast assembled utility tunnel）

装配式混凝土综合管廊是指在工厂分节段浇筑成型，现场采用拼装工艺施工成为整体的综合管廊，以下简称装配式综合管廊（图 1-2）。装配式综合管廊由若干预制管节装配而成，每个预制管节由顶板、两侧板和底板围成，其中顶板和侧板预制，底板预制或者现浇，相邻各预制管节拼接缝处设置有防水带。所述顶板和侧板之间通过各自预埋的钢筋结构件及对应钢筋结构件处的混凝土现浇带形成刚性整体。

装配式地下综合管廊在近两年间作为中国城市基础建设的一个特有名词巅峰迭起，各级城市政府的主观定位，现代化城市发展的必然趋势，智慧城市引领的必要通道，人性化持续发展城市的客观要求，都决定了装配式地下综合管廊的建设已是一股不可阻挡的历史潮流。

图 1-2　装配式综合管廊三维示意图

1.1.3　装配整体式综合管廊（monolithic precast assembled utility tunnel）

由仅带纵向拼接接头的预制混凝土管段通过可靠的方式进行连接，并与现场后浇混凝土形成整体的装配式混凝土结构，简称装配整体式综合管廊（图 1-3）。

1.1.4　装配叠合式综合管廊（composite precast assembled utility tunnel）

采用叠合构件拼装组成的装配式综合管廊结构（图 1-4）。

图 1-3　装配整体式综合管廊　　　　　　图 1-4　装配叠合式综合管廊

1.1.5　预制混凝土构件（precast concrete）

在工厂或现场预先制作的混凝土构件，简称预制构件。

目前国内地下综合管廊主要还是选用现浇结构的形式，随着海绵城市建设的需要，管廊项目呈现体量大，影响面广，需要一次性投入的资源多，环境影响大等问题。为了解决这些问题，采用预制混凝土结构可缓解这些问题。

预制的含义为"事先将混凝土等浇入模型使其硬化"。混凝土预制件就是在工厂制造部件、构件，在现场进行组装完成的生产方式（装配结构），也将其定位为"工业化工法的核心技术"。此外，预制构件被定义为"由在建筑物完成位置之外凝固的混凝土组成的钢筋混凝土构件"。预制混凝土技术是工业化的建筑生产方式。1891 年，巴黎 Ed.Coigent 公司首次在 Biarritz 的俱乐部建筑中使用预制混凝土梁。"二战"结束后，预制混凝土结构首先在西欧发展起来，然后推广到美国、加拿大、日本等国。20 世纪末期，预制混凝土结构已经广泛用于工业与民用建筑、桥梁道路、地下结构、大型容器等市政工程结构领域。采用预制拼装技术是提高工程质量、缩短工期、节省造价的有效方法，因此在工程应用中发挥着不可替代的作用。地下综合管廊是目前应用预制拼装技术较多的一种市政工程结构。

1.1.6　管段（tunnel section）

仅带纵向拼接接头的单个预制构件，管段长度是指综合管廊纵向长度（图 1-5）。

1.1.7　构件（component）

在预制构件厂生产的用于拼装成综合管廊的成品构件。

图 1-5　预制管段

1.1.8　叠合构件（composite component）

根据预制管段的结构图，将管段结构合理分成各种便于生产、安装且能保证结构安全的构件。

1.1.9　接缝（seam）

构件和构件的连接缝。

1.1.10　接头（joint）

构件和构件的连接处，有伸缩接头和挠性接头。

1.1.11　钢筋套筒灌浆连接（rout-filled sleeve connection）

在金属套筒中插入钢筋并灌注水泥基灌浆料的钢筋机械连接方式（图 1-6）。

1.1.12　预应力钢材（prestressed steel）

用于施加预应力的高强度钢材（图 1-7）。

图 1-6　钢筋套筒灌浆连接　　　　图 1-7　预应力钢材

1.1.13　无粘结预应力钢材（non-bonded prestressed steel）

为防止与混凝土附着而涂上覆盖材料的预应力钢材。

1.1.14　套管（spigot）

在后张法的预应力混凝土构件中，为容纳受拉钢材、在混凝土中预埋的管道。

1.1.15　锚具（anchorage）

用来将受拉钢材的顶端固定在混凝土上，将预应力传递到部件上的装置。

1.1.16　接缝材料（joint material）

综合管廊接头处用于止水的材料。

1.1.17　预埋件（embeddeds tructure）

为连接或固定某种构件或设备而在混凝土浇捣前埋设的金属件。

1.1.18　叠合式侧壁（laminated sidewall）

将两层布置了侧壁受力主钢筋的混凝土预制墙板通过格构钢筋进行连接，并将中空区域浇筑混凝土，形成整体、共同工作的管廊侧壁。

1.1.19　叠合式顶板（superimposed roof）

将顶板底部布置了受力钢筋的预制薄板通过格构钢筋与上部受力筋及现浇混凝土层连接成为整体并共同工作的管廊顶板（图 1-8）。

1.1.20　结合面（bonding surface）

预制构件之间连接处的表面。

1.1.21　叠合面（laminateds urface）

在预制混凝土叠合构件（叠合式侧壁、叠合式顶板等）中，后浇混凝土与预制构件的接触面。

1.1.22　含有约束钢筋的搭接连接（lap joint with restrained steel bars）

在钢筋搭接长度范围内设置螺旋箍筋约束的，在预制混凝土的预留孔中插筋并灌浆或直接在现浇混凝土中进行的钢筋搭接连接（图 1-9）。

图 1-8　叠合式顶板

图 1-9　含有约束钢筋的搭接连接

1.1.23　插销式焊接环连接（plug type welding ring joint）

采用焊接环状钢筋相互套插并后浇混凝土的水平钢筋连接方法。

1.2　装配式综合管廊背景意义

1.2.1　城市发展有需求

在现代城市建设中，城市地下综合管廊是城市公用设施的重要组成部分。公用设施属于城市的公共服务设施，具有同时为社会生产和社会生活服务的双重性质。由此可见，城市公用设施是维持城市生产和生活正常运行的基础，而作为其重要组成部分的城市地下综合管廊也因此被称为城市的"生命线"。城市市政基础设施包括给水、污水、雨水、电力、通信、燃气、热力等输配管线和厂站等设施。由于地下管线错综复杂，且建设时序不一，传统的城市管线建设模式导致道路建成后常常遭遇重复开挖，这一现象被形象地比喻为"马路拉链"，容易带来资源浪费、环境污染、交通拥堵、安全事故等多种问题。

装配式综合管廊由于具有减少施工废弃物、通过节约建设能源来降低环境负荷、通过节约劳动力来提高施工效率等优点，现在正越来越普遍地被城市建设所需要。在 20 世纪，预制混凝土由于具有能够批量生产、节约劳动力等优点得到了迅速发展，同样，在追求经久耐用、使用寿命等性能目标的现在，预制混凝土的性能仍然优于现浇混凝土。另外，在保护地球环境、弥补熟练劳动力不足等方面，可以说预制件技术今后仍有很大的优势。

1.2.2 国家政策有引导

2013 年以来国务院、国务院办公厅、发改委、住房城乡建设部等国家机关发了多个文件，针对长期存在的城市地下基础设施落后的突出问题，从我国国情出发，借鉴国际先进经验，在城市建造用于集中敷设电力、通信、广电、给水排水、热力、燃气等市政管线的地下综合管廊，作为国家重点支持的民生工程。这是创新城市基础设施建设的重要举措，不仅可以逐步消除"马路拉链""空中蜘蛛网"等问题，用好地下空间资源，提高城市综合承载能力，满足民生之需，而且可以带动有效投资、增加公共产品供给，提升新型城镇化发展质量，打造经济发展新动力。

在十二届四次人代会工作报告中提出：要加强城市规划建设管理。开工建设城市地下综合管廊 2000km 以上。积极推广绿色建筑和建材，大力发展钢结构和装配式建筑，提高建筑工程标准和质量。打造智慧城市，改善人居环境，使人民群众生活得更安心、更省心、更舒心。

"十三五规划"期间国家百项重点工程中三项为：①建设一批新型示范性智慧城市，一批示范性绿色城市、生态园林城市、森林城市。②建设海绵城市。③建设地下管廊（网）。

地下综合管廊建设作为国家"十三五"规划的重点民生工程，在完善城市功能、提升城市综合承载力方面发挥着重要作用。根据《国务院办公厅关于推进城市地下综合管廊建设的指导意见》，到 2020 年中国将建成一批具有国际先进水平的地下综合管廊并投入运营。

事实证明，城市地下综合管廊建设在国际上是一条成功的道路。综合管廊建设的意义在于充分地利用地下空间，节省投资，对拉动经济发展、改变城市面貌、保障城市安全都具有不可估量的重要作用。住房城乡建设部部长强调，要看到建设综合管廊的有利条件。第一，党中央和国务院高度重视。国务院连续发了两个基础设施和管线建设的文件。综合管廊的建设不仅拉动经济，还是城市建设的拐点和转折点。从此，中国将告别过去那种在地下乱拉乱设的状况。开始从传统走向现代，从落后走向先进。第二，地方政府有很高的积极性。各地主动请战搞地下综合管廊，这是真正的政绩观的转变。这是里子工程，不是面子工程。第三，我们国家和城市，具备了这个经济实力。第四，金融机构明确表态全力支持综合管廊建设。第五，企业有参与的愿望，也有参与的能力。第六，广大市民非常支持。第七，我们在城市综合管廊建设方面进行了许多积极的探索。积累了足够的经验。第八，城市综合管廊工程技术规范已出台，这是综合管廊建设的重要依据。建设综合管廊不仅是保障城市运营安全的重要环节，更是我国城市发展方式由粗放发展向集约绿色可持续发展模式转变的关键契机。

目前全国已有 30 多个省市地区出台了装配式建筑专门的指导意见和相关配套措施，不少地方更是对装配式建筑的发展提出了明确要求。越来越多的市场主体开始加入装配式建筑的建设大军中。在各方共同推动下，2015 年全国开工的装配式建筑面积达到 3500 万 ~ 4500 万 m^2，近三年新建预制构件厂数量达到 100 个左右。采用预制综合管廊建设方式符合政府政策导向及技术方针，《国务院办公厅关于加强城市地下管线建设管理的指导意见》（国办发 [2014]27 号）和《国务院办公厅关于推进城市地下综合管廊建设的指导意见》（国办发 [2015]61 号）中指出：要推进地下综合管廊主体结构构件标准化，积极推广应用预制拼装技术，提高预制装配化率。

采用装配式综合管廊，可实现综合管廊的工业化生产、机械化施工，加快综合管廊的建设速度，提高综合管廊的质量，有利于保障城市安全、完善城市功能、美化城市景观、促进城市集约高效发展，也有利于提高城市综合承载能力和城市化发展质量。

1.2.3　发展装配式管廊是方向

城市综合管廊是一种现代化、集约化的城市基础设施，从长远角度来讲，只要有计划地建设综合管廊，它将是一件造福子孙后代，一劳永逸的综合、治本、惠民的系统化工程。毫无疑问，未来应充分发挥规划先行、科技创新的引领作用，加快综合管廊的标准化、规范化、市场化，提高市政公用基础设施建设和服务的现代化水平。随着综合管廊的建设、管理机制进一步完善，在未来的城市建设中装配式综合管廊必将发挥更大的作用，在更广的范围内推广开来，最终为城市的可持续发展和生态社区的创立打造强有力的根基。

目前，我国的新型建筑工业化处于发展的初期，装配式结构的技术特点和优势还没有向社会大众进行充分的宣传和说明。社会上对于装配式结构还存在着很多的误解和顾虑，主要集中在以下几个方面：结构的安全性问题、结构的耐久性问题、建筑形式的多样性问题、装配式结构的成本控制问题等。这些问题正是需要我们认真面对并加以解决的问题。

中国综合管廊建设起步比较晚，全国大多数城市地下管线基础性城建档案资料不完善，因此，建设城市综合管廊的需求已经处于紧迫形势；但"在面对问题之时，同样也在面对机会"，最近几年，在国家政策推动之下，国内掀起发展预制混凝土构件的浪潮，无论是从地下人行通道，再到综合管廊，预制混凝土构件乃至装配式综合管廊的出现，都积极推动着全国城市综合管廊技术的发展，并且扮演着极其重要的角色，预制混凝土结构在今后建设发展中占有绝佳优势，而发展装配式综合管廊是综合管廊工程建设的方向。

1.3　装配式综合管廊的优缺点

1.3.1　装配式综合管廊的优点

装配式综合管廊建设采用的是分体组合方式，与传统的整体预制管廊大大不同，横向纵向连接可靠、防水技术成熟，适应于各类地基的管廊建设；装配式综合管廊的工期、质量、经济性、难易度等方面具有一定优势，大大提高了管廊建设效率，具有广泛的推广应用前景，很好地解决了地下综合管廊建设的生产、运输、施工等环节的技术难点。

1. 与传统现浇管廊比较

传统现浇管廊：所有工序需在施工现场完成，完成的难度大；工作量大，周期长，效率低，且存在安全隐患；产品生产过程中，对于熟练工种依赖性高；成本高，受季节、气候等多种因素影响，质量、进度难以控制。

装配式综合管廊的优点：

（1）主体工程建造速度快，工期大大缩短。管廊拆分成构件放在工厂内预制生产，工厂内利用机器生产自动化程度高，而且厂内生产不受季节气候变化影响，刮风下雨和冬歇期都可以在工厂内加工生产。

（2）节省大量人工。工厂内采用优化的自动化生产线，只需少量工人配合设备生产；施工现场主要以吊装为主，对操作工的人数需求很小。

（3）施工步骤简单，现场培训即可。节省很多复杂的环节，例如吊装可减少传统的现场基坑支护和模板支撑，节省时间的同时降低成本。

（4）节水、节能。减少了湿作业，工地没有污水，工厂内有水生重复利用系统。

（5）节材。造价比传统现浇管廊大幅降低，无须现场支模板。

（6）节时。节省了现场施工时间。

2. 预制装配式管廊与预制整体式管廊比较

（1）整体预制管廊：

生产：模具成本较高、生产效率低、生产成本较高；生产可调性差。

运输：产品尺寸大、运输效率低、运输限制条件多。

施工：拼装节点多，防水性能差，施工机械笨重，吊装效率低，熟练工种依赖性高，施工难度大，安全隐患大。

（2）预制装配式管廊的优点：

1）生产误差小，产品质量优。生产任务由电脑编排，其系统控制机器进行生产，误差几乎为零。

2）模具成本低。管廊的外形尺寸等受使用功能、条件等因素制约，无法根据单一型号生产，若采用整体式预制管廊，管廊的大小尺寸一旦改变就需要换一批模具，因此成本太高。如果采用自动化生产线，一套模具就可以根据管廊尺寸要求生产出不同尺寸的构件，这样就大大降低了模具成本。

3）运输效率高，运输成本降低。整体预制的管廊构件重量大体积大，不利于运输；而装配式构件运输方便，运输效率高，降低运输成本的同时，且能配合快速施工工期。

4）施工难度小。整体预制的管廊重量大、体积大，施工难度大、安全隐患大，预应力施工难度大，成本高。

5）连接更牢固。装配式管廊连接节点采用现浇，整体性更优。

3. 预制装配式管廊与现场浇筑和整体预制的综合对比

具体见表 1-1。

预制装配式管廊与现场浇筑和整体预制的对比 　　　　　　表 1-1

	预制装配式管廊	预制整体式管廊	现场浇筑式管廊
产品质量	生产由电脑编排任务，系统控制机器进行生产，生产零误差，产品质量优	生产规范，产品质量易控制，人工依赖性高，生产误差较小	产品质量不易控制
产品成本	产品成本低，生产环节都由电脑程序控制。所以原用料量控制精准度高，另模具重复利用率高，包括节能设计	产品成本相对较低，但模具由于管廊各项目采用的尺寸不同所以模具成本较高	产品成本高
产品规格	可生产任意规格产品	受运输限制，一般生产长度3m 以下的管廊	可生产任意规格产品
施工周期	施工周期短，装配式采用预制与现浇相结合，所以既保证了施工速度，同时结构性也是最好的	施工周期最短，出厂产品立即铺设施工，但施工难度大，安全隐患大	产品生产与施工合一，支模浇筑养护和拆模等工序均在开挖后同一处完成，施工周期长
综合成本	综合成本居中，但前期工厂投入较大，而且需要建厂周期	综合成本高，但前期工厂需要投入场地厂房的成本高，中期模具成本，后期运输成本高	综合成本相对低，人工成本高，熟练工种依赖性高，不可控风险大
运输	运输按优化好的物流计划执行，运输效率高	运输效率低，且运输成本高	相对灵活
节能减排	节能减排效果好	节能减排效果好	现场施工，噪声与粉尘污染大
人工问题	从生产到安装，只有少数人工参加工作	熟练工种依赖性高，施工难度大，安全隐患大	人工成本高，熟练工种依赖性高，不可控风险大

4. 装配式钢结构综合管廊

装配式钢结构综合管廊是一种用钢管或板片拼装成的建于城市地下用于容纳两类及以上城市工程管线的构筑物及附属设施。装配式钢结构综合管廊最早应用在德国，1945 年前民主德国耶拿市建成一条钢结构管廊，内置蒸汽管道和电缆，已使用 72 年。1991 年德国黑森州卡塞尔市的一个工业园区建成一条约3km 的单舱钢结构管廊，容纳管线包含给水、热力、电力、通信、污水管道，已投入使用 26 年。

（1）工程造价低

装配式钢结构综合管廊由于采用了独特的钢结构作为主体受力结构，极大地节省了材料消耗，进而降低了整体造价。经过对比测算，该结构形式的管廊整体造价普遍比传统混凝土结构低，管廊壳体造价可节省 20% ~ 30%。

（2）施工周期短

传统现浇混凝土管廊受施工工艺和天气的制约，施工速度缓慢，对城市交通与生活影响较大。装配式钢结构综合管廊由于采用了工厂制作，现场拼装的装配式钢结构，有效提高了施工速度，缩短了施工周期。相比传统现浇混凝土管廊的标准段施工速度提高了近 10 倍，较好地满足应急抢修等对工期要求较短的工程需求。

（3）抗震变形能力强

传统现浇混凝土管廊属于长距离线性结构，沿途需经过不均匀沉降，纵向变形协调能力较差。装配式钢结构综合管廊结构采用钢板（管），在公路桥涵应用中已经得到成功验证，具有良好的横纵向位移补偿功能。

（4）批量生产质量可靠

综合管廊多为大断面薄壁结构，传统管廊采用现浇混凝土结构，在狭窄空间内振捣压实较困难，施工质量受建设环境、施工技术水平及管理水平影响较大，质量可靠度难以把控。装配式钢结构管廊管片由工厂流水线批量制作，产品质量易于检测与控制。

1.3.2　装配式综合管廊的缺点

（1）装配式综合管廊建设初期所需经费庞大，可能造成财政上的负担。管廊的修建不便于分期进行，一次性投资大；且涉及的相关管线单位众多，沟通协调不易，获益量化有困难，因此很难解决各管线单位如何分担费用、相互沟通和对管线统一管理等问题；当管廊内敷设的管线较少时，管廊自身的建设和维护费用过大。

（2）须正确预测远景发展规划，留出妥善的预留空间，以免对新的服务、管线扩建、新建系统的设置失去弹性，导致容量不足或过大而造成浪费或再行修建。

（3）装配式综合管廊的建设初期施工可能造成严重的交通阻塞和短暂的出行不便。管廊建设存在更多的技术难题，施工更加困难，且在后期的管理上也需要更多的人力来进行监管。

（4）将各类不同性质的管线放置在同一个空间内，容易形成相互之间的干扰，且存在一定的安全隐患。

（5）我国建筑界虽然早就接触综合管廊相关的课题，但由于建设综合管廊存在着资金、技术和统一规划等难题，真正进行建设起步较晚，尚未得到推广和普及，目前仅在部分经济发达的城市和部分现代化的高科技工业园区等有所建设；且现有的法律法规也不够完善，有待更多更完善的法律法规出台来保证城市综合管廊的健康发展。

1.4 装配式综合管廊案例

1.4.1 长沙

2015 年 4 月 8 日，在 34 个申报全国地下综合管廊试点城市中，长沙在评审中脱颖而出，成为全国 10 个首批地下综合管廊试点城市之一。在长沙这一示范城市，建好兴市利民的"地下生命线"成为首要任务。长沙采用设计、开发、制造、装修一体化建造模式。综合管廊建设标准高、施工体量大、周期长，在规划设计阶段即牵扯到跨部门合作，多方面资源配置。长沙综合管廊建设单位将建筑工业化的优势运用到综合管廊的建设中，突破现有的综合管廊施工技术，利用 BIM 技术建模，通过方案模拟、深化设计、管线综合、资源配置、进度优化等应用，厘清桩端持力层、岩面等关键隐蔽节点，提前制定施工管控措施，避免设计错误及施工返工（图 1-10、图 1-11）。

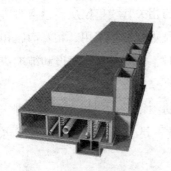 

图 1-10　BIM 综合管廊模型示意图　　　　图 1-11　现场施工图

1. 生产：标准化生产，成本低，效率高，品质可控

全自动柔性流水生产线，大大提高管廊生产的适配度，满足各种规格的生产需求，将精度控制在毫米级，使管廊抗渗性、耐久性更为优异。

通过工厂预制加工，解决了传统现浇管廊现场工作量大、效率低、成本高，避免了全预制装配管廊受加工、运输、吊装条件的限制，具有标准化程度高、重量轻的特点。通过工厂化、标准化、规模化生产，让生产效率更高、成本更低。

2. 施工：工期缩短至现浇的 1/5，成本大幅降低，预算即结算

2016 年 7 月，建设单位进驻项目现场施工，工地上没有成堆的模板和散乱的钢筋，现场干净整洁，工人将一块块预制好的预制混凝土构件板有序吊装；随着最后一块顶板吊装完毕，工程顺利完成结构封顶。仅用 5 天时间，该试验段即完成了主体工程施工，工期缩短至现浇的 1/5。直接成本与现浇成本持平，综合成本大幅降低，真正做到了预算即结算。

叠合装配整体式综合管廊，结构安全，等同现浇。极大地减少了施工作业人员，并通过机械化定位安装提升了建筑品质。同时极大改善了施工环境，现场作业无噪音、无污染，整洁有序。尤为一提的是，施工方式规范简易，工人通过系统培训即能掌握施工，无需改变总包，亦无需改变验收标准。

具体如图 1-12 ~ 图 1-18 所示。

（a）施工平面图

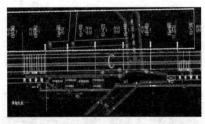
（b）施工布局图

图 1-12　施工前场地规划

（a）

（b）

图 1-13　施工准备

（a）　　　　　　　　　　　　（b）

图 1-14　施工第一天

（a）　　　　　　　　　　　　（b）

图 1-15　施工第二天

（a）　　　　　　　　　　　　（b）

图 1-16　施工第三天

（a）　　　　　　　　　　　　（b）

图 1-17　施工第四天

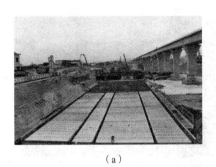

（a）　　　　　　　　　　　　　　（b）

图 1-18　施工第五天

1.4.2　哈尔滨

哈尔滨市被确定为国家综合管廊建设试点城市后，全力组织综合管廊建设。根据国家明确的综合管廊试点建设时间要求，哈尔滨结合主城区改造、新区建设、地铁沿线和老旧管网改造等工程，优先规划建设主干综合管廊，确定了 11 条 25.5km 综合管廊建设项目，工程计划投资 27.1 亿元。之后，哈尔滨市将启动实施综合管廊建设 23.8km，主城区完成 12.1 公里综合管廊建设，新区完成 11.7km 综合管廊建设（图 1-19、图 1-20）。

综合管廊就像地下各种管线的"集体宿舍"，从根本上避免城市道路出现挖了填、填了挖的"拉链式修补"弊端。地下综合管廊可以解决传统管线铺设占地大、地面反复开挖、维护管理困难等问题，已渐渐成为现代城市管线建设的趋势。

图 1-19　哈尔滨管廊工程　　　　图 1-20　管廊工程内的三廊结构管廊

管廊工程内的进线支廊。电力通信线缆通过侧壁上方大圆口进入廊道，侧壁下方小圆口为给水管线入口（图 1-21 ~ 图 1-25）。

图 1-21　管廊工程内的进线只廊　　　图 1-22　施工人员在铺设地面

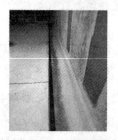

图 1-23　侧壁上的预埋钢板　　图 1-24　管廊内设置溢水　　图 1-25　溢水沟将积水引导至
　用于架设管线支架　　　　沟将积水引导至集水坑内　　集水坑后由排水设备自动排出

1.4.3　成都

2014 年 9 月，成都、自贡等 4 市被列为全省首批地下综合管廊建设试点城市。目前，这项关注城市建设"里子"的国家级工程在成都落地生根，试点城市也逐渐铺开，从成都扩展至县城两年多时间里，两项试点中多个问号被拉直，原本困扰地下综合管廊和海绵城市建设的资金筹集、运营管理等难题正在解决（图 1-26）。

1. 成都采用工业化施工模式拼出一条"共同沟"

成都某综合管廊施工现场封闭的施工围挡内，原本平整的路面已被开挖出数米深的壕沟，沟中裸露的地下管线犹如城市的"筋络"。数日内，这些静卧在地下的管线迁建至别处。

此次项目由综合管廊建设和快速路改造组成，其中，地下综合管廊总长约 5.7km，与地面道路长度相等，分为标准段（直线路段）与非标准段（拐弯路段）。在标准段，施工方首次在地下管廊开挖中采用工业化施工模式：把管廊分成多节，在工厂按图纸生产好后，再运到现场进行拼装，这也是成都首次采用这种建设方式。

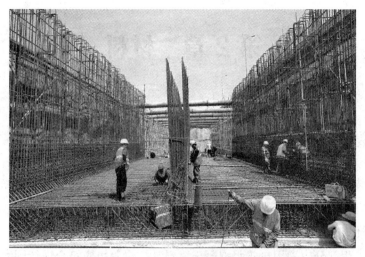

图 1-26　工人正在进行浇筑管廊前期准备工作

2. 采用预制拼装法建设，工期缩短质量更稳定

相对成都其他综合管廊数年的建设工期而言，此综合管廊工程和快速路改造工期为一年半，其中管廊铺设仅需半年。该基地主要用于预制桥梁、路面等建筑构件，包括综合管廊的相关构件。

在基地现场，矗立着根据设计单位施工图浇制的一个个形状不一的灰色混凝土预制管廊，管廊共计 6 种类型，其中尺寸最大的长达 7.3m，重达 46.25t，届时将由大型吊车在现场进行吊装，用于标准段的地下综合管廊铺设。

随着首批预制管廊"出炉"，成都某公司在生产基地进行了首次预拼装及闭水试验，将 1.7km 标准段地下综合管廊分为综合舱、输水舱、燃气舱、高压电力舱四个舱，并根据施工现场交通情况进行"两两相拼"，为达到闭水要求，舱与舱之间拼装缝隙均控制在 9mm 以内。

采用预制拼装法建设地下综合管廊整个工期大约能缩短三分之一，而且，提前制好预制模板，按照统一技术标准浇筑出来的管廊质量更稳定，"此外，预制拼装对施工现场环境影响较小，不易产生噪声和粉尘污染。"

第2章　材料

2.1　混凝土

（1）装配式综合管廊主要材料宜采用钢筋混凝土，在地下水对钢筋有腐蚀作用的地区宜采用纤维塑料筋和高性能混凝土，并满足现行国家标准《混凝土结构耐久性设计规范》GB/T 50476 中对于环境作用的要求。

地下工程部分应采用自防水混凝土，设计抗渗等级应符合现行国家标准《城市综合管廊工程技术规范》GB 50838 的规定，如表 2-1 所示。

防水混凝土设计抗渗等级　　　　　　　　　　　　表 2-1

管廊埋置深度 H（m）	设计抗渗等级
$H<10$	P6
$10 \leqslant H<20$	P8
$20 \leqslant H<30$	P10
$H \geqslant 30$	P12

（2）提高产品质量是实现建筑工业化的目的之一。预制构件在工厂生产，易于进行质量控制，因此对其采用的混凝土的最低强度等级的要求高于现浇混凝土。预制构件的混凝土强度等级不宜低于 C30；预制预应力混凝土构件的混凝土强度等级不宜低于 C40，且不应低于 C30；现浇混凝土的强度等级不应低于 C30。

（3）用于混凝土的水泥应符合以下规定：水泥应采用强度等级不低于 42.5MPa 的硅酸盐水泥、普通硅酸盐水泥，也可采用抗硫酸盐硅酸盐水泥。水泥性能应符合现行国家标准《通用硅酸盐水泥》GB 175、《抗硫酸盐硅酸盐水泥》GB 748 的规定；进场水泥应有水泥生产厂提供的标注有生产许可证编号的质量合格证书或质量检验报告；使用袋装水泥时，应按品种、强度等级、生产厂、生产日期分别堆放整齐，不应混垛，堆放层数不宜超过 12 层。仓库内应有防潮措施；使用散装水泥时，不同的厂商、品种以及强度等级的水泥应分仓储存，不应混仓；

水泥要先到先用，贮存中的水泥不应有风化、结块现象，存放期不应超过 3 个月，对过期或对水泥质量有怀疑时，应复验其强度等级、标准稠度用水量、凝结时间和体积安定性；综合管廊结构长期受地下水、地表水的作用，为改善结构的耐久性，避免碱骨料反应，水泥中的氯离子含量不得超过 0.06%，碱含量不得超过 0.60%。主要是由于地下混凝土工程长期受地下水、地表水的作用，如果混凝土水泥中含碱量高，遇到混凝土中的集料具有碱活性时，即有引起碱骨料反应的危险，因此在地下工程中应对所用的水泥和外加剂的含碱量有所控制。

（4）用于混凝土的骨料应符合以下规定：粗骨料宜选用 5 ~ 25mm 连续粒级的碎石，最大粒径不宜大于壁厚 1/3 和钢筋净间距的 3/4；泵送时其最大粒径不应大于输送管径的 1/4；吸水率不应大于 1.5%；不得使用碱活性骨料；其性能应符合国家现行标准《建设用砂》GB/T 14684 和《普通混凝土用砂、石质量及检验方法标准》JGJ 52 的规定。碎石进厂时应按标准规定进行检验，合格后方能使用。检验项目至少包括含泥土量、压碎值、针片状含量和颗粒级配。而细骨料宜选用细度模量为 2.3 ~ 3.3 的中粗砂，含泥量不大于 2%，其性能应符合国家现行标准《建设用砂》GB/T 14684 和《普通混凝土用砂、石质量及检验方法标准》JGJ 52 的规定；冬期施工时搅拌混凝土用细骨料不应混有冰块；进厂时应按标准规定进行检验，合格后方能使用。检验项目至少包括含泥土量和颗粒级配。

（5）混凝土外加剂品种应通过试验室进行试配后确定，外加剂进场应有质保书，质量应符合现行国家标准《混凝土外加剂》GB 8076 的规定。混凝土外加剂还需符合现行国家标准《混凝土外加剂应用技术规范》GB 50119 的规定。

（6）在拌制混凝土时可掺入适量的粉煤灰、磨细矿渣粉等混凝土掺合料，粉煤灰应符合现行国家标准《用于水泥和混凝土中的粉煤灰》GB 1596 的规定，磨细矿渣粉应符合现行国家标准《用于水泥和混凝土中的粒化高炉矿渣粉》GB/T 18046 的规定，其他掺合料应符合相关标准要求；混凝土拌合用水应符合现行国家标准《混凝土用水标准》JGJ 63 的规定；在冻土地区，在混凝土拌合物中掺入一定量的引气剂、减水剂使混凝土抵抗冻融破坏的能力提高，从而提高混凝土的抗冻耐久性。其用量与品种经试验确定。

（7）混凝土原材料计量允许偏差应符合表 2-2 的规定。

（8）预制构件吊装及临时支撑专用的内埋式螺母或内埋式吊杆及配套的吊具所用的材料，应符合现行国家标准《混凝土结构设计规范》GB 50010 的规定。

材料每盘计量允许偏差值 表 2-2

原材料	允许偏差（%）
水泥、掺合料	±2
骨料	±3
水、外加剂	±2

2.2 钢筋

（1）根据设计图纸及规范要求，选用相应型号、级别、直径的钢筋。宜采用冷轧带肋钢筋、热轧带肋钢筋和热轧光圆钢筋，钢筋的性能应分别符合现行国家标准《冷轧带肋钢筋》GB/T 13788 和《钢筋混凝土用钢 第 2 部分：热轧带肋钢筋》GB/T 14992 的规定。普通受力钢筋的选用应符合现行国家标准《混凝土结构设计规范》GB 50010 的规定，普通钢筋采用套筒灌浆连接和浆锚搭接连接时，钢筋应采用热轧带肋钢筋。钢筋和钢材的力学性能指标和耐久性要求均应符合现行国家标准《钢结构设计规范》GB 50017 的规定，钢筋焊接网应符合现行国家标准《钢筋焊接网混凝土结构技术规程》JGJ 114 的规定。

（2）钢筋进厂时应按规定进行检验。检验项目至少包括屈服强度、抗拉强度和延伸率。如采用闪光对焊焊接钢筋，应按照《钢筋焊接及验收规程》JGJ 18—2012 的规定进行验收。钢筋应按进厂批次的级别、品种、直径和外形分类码放，妥善保管，且挂标识牌注明产地、规格、品种和质量检验状态等。

（3）纵向受力钢筋的强度应满足设计要求，以保证构件达到抗震设防要求；当设计无具体要求时，对一、二级抗震等级，钢筋的抗拉强度实测值与屈服强度实测值的比值不应小于 1.25，钢筋的屈服强度实测值与强度标准值的比值不应大于 1.3，钢筋的最大力下总伸长率不应小于 9%。

（4）吊装专用的预制构件的吊环应采用未经冷加工的 HPB300 级钢筋制作。吊装用内埋式螺母或吊杆的材料应符合国家现行相关标准的规定。

（5）采用顶进施工技术的构件的钢承口环钢板应根据设计要求选用。钢板的性能和技术要求应符合现行国家标准《碳素结构钢和低合金结构钢热轧钢板和钢带》GB/T 3274 和《碳素结构钢》GB/T 700 等标准的要求。

2.3　接缝材料

（1）预制构件连接用预埋件应符合现行国家标准《混凝土结构设计规范》GB 50010 的有关规定。用于连接的焊接材料、螺栓、锚栓和铆钉等紧固件的材料应符合《钢结构设计规范》GB 50017、《钢结构焊接规范》GB 50661、《钢筋焊接及验收规程》JGJ 18 等的规定。叠合式侧壁、顶板的变形缝、施工缝及构件接缝处的弹性橡胶密封垫、止水钢板及遇水膨胀橡胶密封垫应符合《装配式混凝土结构技术规程》JGJ 1 的规定，装配式综合管廊接缝所用的防水密封材料应选用耐候性密封胶，密封胶应与混凝土具有相容性，并具有低温柔性、防霉性及耐水性等性能。

（2）钢筋套筒灌浆连接接头采用的套筒应符合《钢筋连接用灌浆套筒》JG/T 398 的规定。钢筋套筒灌浆连接接头采用的灌浆料应符合现行行业标准《钢筋连接用套筒灌浆料》JG/T 408 的规定。钢筋浆锚搭接连接接头应采用水泥基灌浆料，灌浆料的性能应满足表 2-3 的要求。钢筋锚固板的材料应符合《钢筋锚固板应用技术规程》JGJ 256 的规定。

钢筋浆锚搭接连接接头用灌浆料性能要求　　　　　表 2-3

项　目		性能指标	试验方法标准
泌水率（%）		0	《普通混凝土拌合物性能试验方法标准》GB/T 50080
流动度（mm）	初始值	≥ 200	《水泥基灌浆材料应用技术规范》GB/T 50448
	30min 保留值	≥ 150	
竖向膨胀率（%）	3h	≥ 0.02	《水泥基灌浆材料应用技术规范》GB/T 50448
	24h 与 3h 的膨胀率之差	0.02 ~ 0.5	
抗压强度（MPa）	1d	≥ 35	《水泥基灌浆材料应用技术规范》GB/T 50448
	3d	≥ 55	
	28d	≥ 80	
氯离子含量 (%)		≤ 0.06	《混凝土外加剂匀质性试验方法》GB/T 8077

（3）夹心外墙板中内外叶墙板的拉结件应满足夹心外墙板的节能设计要求，金属及非金属材料拉结件均应具有规定的承载力、变形和耐久性能，并应经过试

验验证。

（4）弹性橡胶密封圈材质宜采用氯丁橡胶或三元乙丙橡胶，主要性能指标有硬度、拉伸强度（MPa）、扯断伸长率（%）及压缩永久变形，应符合设计图纸和现行国家标准《橡胶密封件给、排水管及污水管道用接口密封圈材料规范》GB/T 21873 的有关规定；遇水膨胀橡胶圈宜采用氯丁橡胶或丁基橡胶，主要性能指标有体积膨胀倍率（%）、拉伸强度（MPa）、扯断伸长率（%）、硬度，应符合设计图纸和现行国家标准《高分子防水材料 第 3 部分：遇水膨胀橡胶》GB/T 18173.3 的有关规定。

2.4　其他材料

（1）灌浆料应具有高强、早强、无收缩和微膨胀等基本特性，以使其能与套筒、被连接钢筋更有效地结合在一起共同工作，同时满足拼装式结构快速施工的要求。灌浆材料应符合《水泥基灌浆材料应用技术规范》GB/T 50448 的有关规定。

（2）不发火材料应符合《建筑地面工程施工质量验收规范》GB 50209 的有关规定。

（3）水泥基渗透结晶型防水材料应符合《水泥基渗透结晶型防水材料》GB 18445 的有关规定。

第3章 结构设计

3.1 一般规定

装配式综合管廊的设计应符合下列规定：

（1）应采取有效措施加强结构的整体性；

（2）宜采用高强混凝土、高强钢筋；

（3）节点和接缝应受力明确、构造可靠，并应满足承载力、变形、裂缝、耐久性等要求。

装配式综合管廊应在综合评价综合管廊的目的、周边环境、施工条件和经济性等因素后确定构造形式；装配式综合管廊纵向节段的尺寸及重量不应过大，在构件设计阶段应考虑到节段在吊装、运输过程中受到的车辆、设备、安全交通等因素的制约，并根据限制条件综合确定；管段的连接应确保构造上的安全性和防水效果，管廊的构件应设置接头。装配式综合管廊的连接部位宜设置在结构受力较小的部位，具体连接方式应符合现行行业标准《装配式混凝土结构技术规程》JGJ 1 的规定。

装配式综合管廊的结构安全等级应为一级，结构中各类构件的安全等级宜与整个结构的安全等级相同。装配式综合管廊构件节点及接缝处后浇混凝土强度等级不应低于预制构件的混凝土强度等级。装配式综合管廊结构应根据设计使用年限和环境类别进行耐久性设计，并应符合《混凝土结构耐久性设计规范》GB/T 50476 的有关规定。

装配式综合管廊土建工程设计应采用以概率理论为基础的极限状态设计方法，应以可靠指标度量结构构件的可靠度。除验算整体稳定外，均应采用含分项系数的设计表达式进行设计。综合管廊的承载能力极限状态对应于综合管廊结构达到最大承载能力，综合管廊主体结构或连接构件因材料强度被超过而破坏，综合管廊结构因过量变形而不能继续承载或丧失稳定，综合管廊结构作为刚体失去平衡（横向滑移、上浮）；综合管廊的正常使用极限状态对应于综合管廊结构符合正常使用或耐久性能的某项规定限值，影响正常使用的变形量限值，影响耐久性能的控制开裂或局部裂缝宽度限值等。综合管廊结构设计应对以上两种状态进行计算。

装配式综合管廊工程的结构设计使用年限应为 100 年。《建筑结构可靠度设计统一标准》GB 50068 第 1.0.4、第 1.0.5 条规定，普通房屋和构筑的结构设计使用年限按照 50 年设计，纪念性建筑和特别重要的建筑结构，设计年限按照 100 年考虑。近年来以城市道路、桥梁为代表的城市生命线工程，结构设计使用年限均提高到 100 年或更高年限的标准。装配式综合管廊作为城市生命线工程，同样需要把结构设计使用年限提高到 100 年。

国家标准《建筑结构可靠度设计统一标准》GB 50068 第 1.0.8 条规定，建筑结构设计时，应根据结构破坏可能产生的后果（危及人的性命、造成经济损失、产生社会影响等）的严重性，采用不同的安全等级。装配式综合管廊内容纳的管线为电力、给水等城市生命线，破坏后产生的经济损失和社会影响都比较严重，故确定其结构安全等级为一级，结构中各类构件的安全等级宜与整个结构的安全等级相同。

装配式综合管廊结构应根据设计使用年限和环境类别进行耐久性设计，并应符合《混凝土结构耐久性设计规范》GB/T 50476 的有关规定；装配式综合管廊工程应按乙类建筑物进行抗震设计，并应满足国家现行标准的有关规定；装配式综合管廊结构构件的裂缝控制等级应为三级，结构构件的最大裂缝宽度限值应小于或等于 0.2mm，海洋氯化物等严重腐蚀环境下最大裂缝宽度应不大于 0.15mm，且不得贯通。

根据国家标准《地下工程防水技术规范》GB 50108 的规定，综合管廊应根据气候条件、水文地质状况、结构特点、施工方法和使用条件等因素进行防水设计，防水等级标准为二级，并应满足结构的安全、耐久性和使用要求。综合管廊的地下工程不应漏水，结构表面可有少量湿渍。总湿渍面积不应大于总防水面积的 1/1000；任意 100m² 防水面积上的湿渍不超过 1 处，单个湿渍的最大面积不得大于 0.1m²。综合管廊的变形缝、施工缝和预制接缝等部位是综合管廊结构的薄弱部位，应对其防水和防火措施进行适当加强。

3.2 作用与作用组合

装配式综合管廊结构上的作用，应符合《建筑结构荷载规范》GB 50009、《建筑抗震设计规范》GB 50011 的有关规定，并应考虑结构内各种管线运行时所产生的作用的有关规定。装配式综合管廊结构上的作用，按性质可分为永久作用和可变作用两种。永久作用包括结构自重、土压力、预加应力、重力流管道内的永重、混凝土收缩和徐变产生的荷载、地基的不均匀沉降等；可变作用包括地面人群荷载、机械车辆荷载、管线及附件荷载、压力管道内的静水压力（运行工作压力或设计内水压力）及真空压力、地表水或地下水压力及浮力、温度变化、冻胀力和施工荷载等。

结构设计时，对不同的作用应采用不同的代表值：对永久作用，应采用标准值作为代表值；对可变作用，应根据设计要求采用标准值、组合值或准永久值作为代表值。作用的标准值，应为设计采用的基本代表值。可变作用组合值，应为可变作用标准值乘以作用组合系数，可变作用准永久值，应为可变作用标准值乘以作用的准永久值系数。当结构承受两种或两种以上可变作用时，在承载力极限状态设计或正常使用极限状态按短期效应标准值设计中，对可变作用应取标准值和组合值作为代表值。

预制装配整体式混凝土综合管廊承载能力极限状态及正常使用极限状态的作用效应分析可采用弹性方法。计算模型宜采用闭合框架模型，具体见图 3-1。

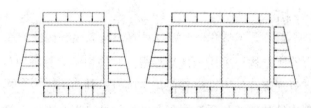

图 3-1　闭合框架计算模型

对于作用在综合管廊结构上的荷载，有许多不确定的因素，因此须考虑施工过程中以及使用过程中荷载的变化，选择使整体结构或预制构件应力最大、工作状态最为不利的荷载组合进行设计。地面的车辆荷载一般简化为与结构埋深有关的均布荷载，但覆土较浅时应按实际情况进行计算。

结构主体及收容管线自重可按结构构件及管线设计尺寸计算确定。常用材料及其制作件的自重可按《建筑结构荷载规范》GB 50009 的规定采用。

预应力综合管廊结构上的预应力标准值，应为预应力钢筋的张拉控制应力值扣除各项预应力损失后的有效预应力值。张拉控制应力值应根据《混凝土结构设计规范》GB 50010 的有关规定确定。

预制构件在制作、运输和堆放、安装等短暂设计状况下的预制构件验算，应符合《混凝土结构工程施工规范》GB 50666 的有关规定，应将构件自重标准值乘以动力系数后作为等效静力荷载标准值。构件运输、吊运时，动力系数宜取 1.5；构件翻转及安装过程中就位、临时固定时，动力系数可取 1.2。预制构件进行脱模验算时，等效静力荷载标准值应取构件自重标准值乘以动力系数与脱模吸附力之和，且不宜小于构件自重标准值的 1.5 倍。动力系数与脱模吸附力应符合下列规定：

（1）动力系数不宜小于 1.2；

（2）脱模吸附力应根据构件和模具的实际状况取用，且不宜小于 1.5kN/m²。

综合管廊属于狭长形结构，当地质条件复杂时，往往会产生不均匀沉降，对综合管廊结构产生内力。建设场地地基土有显著变化段的综合管廊结构，应计算地基不均匀沉降的影响，其标准值应按《建筑地基基础设计规范》GB 50007 的有关规定计算确定。当能够设置变形缝时，应尽量采取设置变形缝的方式来消除由于不均匀沉降产生的内力。当由于外界条件约束不能够设置变形缝时，应考虑地基不均匀沉降的影响。

3.3　结构分析

装配式综合管廊结构可采用与现浇混凝土结构相同的方法进行结构分析，地震设计状况下宜对现浇抗侧力在地震作用下的弯矩和剪力进行适当放大。在预制构件之间及预制构件与现浇及后浇混凝土的接缝处，当受力钢筋采用安全可靠的连接方式，且接缝处新旧混凝土之间采用粗糙面、键槽等构造措施时，结构的整体性能与现浇结构类同，设计中可采用与现浇结构相同的方法进行结构分析，并根据相关规定对计算结果进行适当的调整。对于采用预埋件焊接连接、螺栓连接等连接节点的装配式结构，应该根据连接节点的类型，确定相应的计算模型，选取适当的方法进行结构分析。

装配式综合管廊结构承载能力极限状态及正常使用极限状态的作用效应分析可采用弹性方法。

装配式综合管廊结构上宜采用预应力筋连接接头（图 3-2）、螺栓连接接头或承插式接头。当有可靠依据时，也可采用其他能够保证装配式综合管廊结构安全性、适用性和耐久性的接头构造。

仅带纵向接缝接头的装配式综合管廊结构的截面内力计算模型宜采用与现浇混凝土综合管廊结构相同的闭合框架模型。

装配式综合管廊结构计算模型为封闭框架，但是由于拼缝刚度的影响，在计算时应考虑到拼缝刚度对内力折减的影响。装配式综合管廊闭合框架计算模型见图 3-3。

图 3-2　预应力筋连接接头

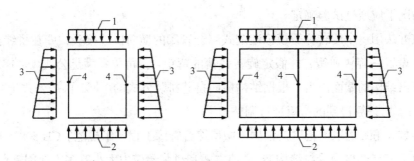

图 3-3　装配式综合管廊闭合框架计算模型

1- 综合管廊顶板荷载；2- 综合管廊地基反弹力；3- 综合管廊侧向水土压力；4- 拼缝接头旋转弹簧

带纵、横向接缝接头的装配式综合管廊的截面内力计算模型应考虑接缝接头的影响，接缝接头影响宜采用 $K - \xi$ 法（旋转弹簧 $- \xi$ 法）计算，构件的截面内力分配按下式计算：

$$M = K\theta \tag{3-1}$$

$$M_j = (1 - \xi) M, \quad N_j = N \tag{3-2}$$

$$M_z = (1 + \xi) M, \quad N_z = N \tag{3-3}$$

式中：K——旋转弹簧常数，$25000\text{kN} \cdot \text{m/rad} \leqslant K \leqslant 50000/\text{kN} \cdot \text{m/rad}$；

　　　　M——按照旋转弹簧模型计算得到的带纵、横向接缝接头的装配式综合管廊截面内各构件的弯矩设计值（$\text{kN} \cdot \text{m}$）；

M_j——装配式综合管廊节段横向接缝接头处弯矩设计值（kN·m）；

M_z——装配式综合管廊节段整浇部位弯矩设计值（kN·m）；

N——按照旋转弹簧模型计算得到的带纵、横向接缝接头的预制拼装综合管廊截面内各构件的轴力设计值（kN）；

N_j——装配式综合管廊节段横向接缝接头处轴力设计值（kN）；

N_z——装配式综合管廊节段整浇部位轴力设计值（kN·m）；

θ——装配式综合管廊接缝相对转角（rad）；

ξ——接缝接头弯矩影响系数。当采用拼装时取 $\xi=0$，应采用横向错缝拼装时取 $0.3<\xi<0.6$。

K、ξ 的取值受接缝构造、拼装方式和拼装预应力大小等多方面因素影响，一般情况下应通过试验确定。

该方法用一个旋转弹簧模拟装配式综合管廊的横向拼缝接头，即在拼缝接头截面上设置一旋转弹簧，并假定旋转弹簧的弯矩 - 转角关系满足公式（3-1），由此计算出结构的截面内力。根据结构横向拼缝拼装方式的不同，再按公式（3-2）、式（3-3）对计算得到的弯矩进行调整。

参数 K 和 ξ 的取值范围是根据《城市综合管廊工程技术规范》GB 50838 确定的。由于 K、ξ 的取值受拼缝构造、拼装方式和拼装预应力大小等多方面因素影响，其取值应通过试验确定。

带纵、横向接缝接头的装配式综合管廊结构应按荷载效应的标准组合，并应考虑长期作用影响对接缝接头的外缘张开量进行验算，且应符合下式要求：

$$\Delta = M_k / K \cdot h \leqslant \Delta_{max} \qquad (3-4)$$

式中：Δ——装配式综合管廊接缝外缘张开量（mm）；

Δ_{max}——接缝外缘最大张开量限值，一般取 2mm；

h——接缝截面高度（mm）；

K——旋转弹簧常数；

M_k——装配式综合管廊接缝截面弯矩标准值（kN·m）。

以上的带纵、横向拼缝接头的预制拼装综合管廊截面内拼缝接头外缘张开量计算公式以及最大张开量限值均根据《城市综合管廊工程技术规范》GB 50838 确定。

装配式综合管廊结构中，现浇混凝土截面的抗弯承载力、受剪承载力和最大裂缝宽度宜符合与现浇混凝土综合管廊相同的规定。装配式综合管廊结构采用预应力筋连接接头或螺栓连接接头时，其接缝接头的抗弯承载力应按下列公式计算，接头受弯载力简图见图 3-4：

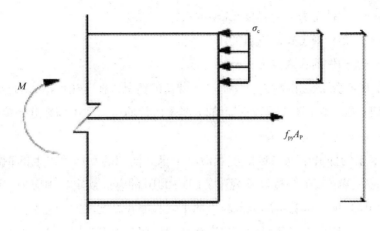

图 3-4　接头受弯承载力简图

$$M \leqslant f_{py} A_p \left(\frac{h}{2} - \frac{x}{2} \right) \tag{3-5}$$

$$x = \frac{f_{py} A_p}{a_1 f_c b} \tag{3-6}$$

式中：M——接头弯矩设计值（kN•m）；

　　　f_{py}——预应力筋或螺栓的抗拉强度设计值（N/mm²）；

　　　A_p——预应力筋或螺栓的截面面积（mm²）；

　　　h——构件截面高度（mm）；

　　　x——构件混凝土受压区截面高度（mm）；

　　　a_1——系数，当混凝土强度等级不超过 C50 时，a_1 取 1.0，当混凝土强度等级为 C80 时，a_1 取 0.94，期间按线性内插法确定。

　　采用高强钢筋或钢绞线作为预应力筋的装配式综合管廊结构的抗弯承载能力应符合《混凝土结构设计规范》GB 50010 的有关规定，采用纤维增强塑料筋作为预应力筋的综合管廊结构抗弯承载能力应符合《纤维增强复合材料建设工程应用技术规范》GB 50608 的有关规定。

装配式综合管廊结构接缝受剪承载力应符合现行行业标准《装备式混凝土结构技术规程》JGJ 1 的有关规定，应力强度的检查可参照下列公式计算：

$$a=2-\frac{x}{2d},\ 1 \leqslant a \leqslant 2 \qquad (3\text{-}7)$$

式中：a——构件受剪应力强度（kN/m^2）；

$\quad$ x——距检查位置的支点的距离（m）；

$\quad$ d——构件的有效高度（m）；

x 在 0 ~ 2d 的范围内进行。但分布载荷的情况，在 $x=0$、$x=2d$ 的两处进行。

为防止因受拉钢材锚固处附近的混凝土由拉伸应力产生的裂缝，锚固处附近的混凝土必须采取加固措施。

混凝土构件最小钢筋量应配置混凝土全断面积的 0.15% 以上的钢材，配置要求应符合《混凝土结构设计规范》GB 50010 的有关规定。预应力混凝土构件在导入预应力前，也有可能因混凝土的干燥收缩和温度坡度产生裂缝。为了把该裂缝的大小控制在无害范围内，规定构件的任何断面都为后张式，并配置断面积 0.15% 以上的钢材。

3.4 构造要求

装配式综合管廊工程应设置变形缝，根据《混凝土结构设计规范》GB 50010 第 8.1.1 条，变形缝设置应符合下列规定：

（1）装配式综合管廊工程结构变形缝的最大间距不宜小于 35m。变形缝间距需综合考虑混凝土结构温度收缩、基坑施工等因素，当按照《混凝土结构设计规范》GB 50010 采取相应措施时伸缩缝间距可适当增大。在装配式综合管廊工程中，由于采用预制构件进行施工，变形缝间距可适当加大，但不宜大于 35m。

（2）变形缝应设置止水钢板或橡胶止水带、填缝材料和嵌缝材料等止水构造。

（3）变形缝的缝宽不宜小于 30mm。

（4）结构纵向刚度突变处以及上覆荷载变化处或下卧土层突变处，应设置变形缝。

装配式综合管廊结构中主要承重侧壁厚度不宜小于 250mm，非承重侧壁和隔墙等构件的厚度不宜小于 200mm。侧壁之间连接按图 3-5 施工。

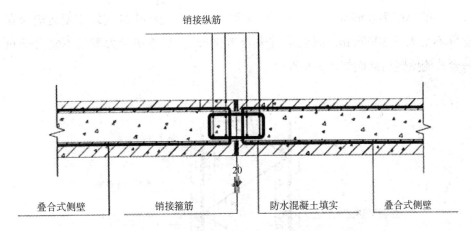

销接纵筋

20

叠合式侧壁　　　销接箍筋　　　防水混凝土填实　　　叠合式侧壁

图 3-5　叠合式侧壁横向连接节点

　　装配整体式混凝土综合管廊中钢筋混凝土保护层厚度迎水面不应小于 50mm，该厚度参照《地下工程防水技术规范》GB 50108 和《电力电缆隧道设计规程》DL/T 5484 相关条例确定。工厂预制构件迎水面保护层厚度可适当减小，结构其他部位应根据环境条件和耐久性要求并按《混凝土结构设计规范》GB 50010 的有关规定确定。当预制构件保护层厚度大于 50mm 时，宜对钢筋的混凝土保护层采取有效的防开裂措施。钢筋保护层及预应力筋、套管或套管群及锚具的保护层厚度的最小值应符合以下公式，其值应大于钢筋直径且大于 25mm：

$$C_{min}=\alpha C_0 \tag{3-8}$$

式中：C_{min}——最小保护层厚度（cm）；

　　　　α——根据混凝土的标准设计强度 $\sigma_{ck} \leqslant 400\text{kgf/cm}^2$，$\alpha=0.8$；

　　　　C_0——基本的保护层，与构件种类有关。

　　在同一断面配置多个锚具的情况，应考虑锚具的数量、锚固力的大小及各锚具间所需的最小间隔等，确定锚固处混凝土断面的形状及尺寸。

　　综合管廊各部位金属预埋件的锚筋面积和构造要求应按《混凝土结构设计规范》GB 50010 的有关规定确定。预制构件中外露预埋件凹入构件表面的深度不宜小于 10mm，并应采取防腐保护措施。预制构件端部预应力筋外露长度不宜小于 150mm，搁置长度不宜小于 15mm。

　　叠合式预制构件侧壁的最小厚度不宜小于 250mm，并符合 10 的模数。用于地下结构时，作为挡土侧墙的应用，内侧预制板最小的厚度为 60mm，外侧预制板最小的厚度为 80mm，宽度和高度按设计确定，运输重量应以方便运输为宜。宽度不宜大于 3000mm，高度不宜大于 7000mm，且单块最大重量不宜大于 6t。叠合式侧壁竖向剖面如图 3-6 所示。

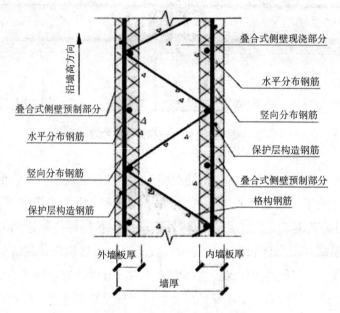

图 3-6　叠合式侧壁竖向剖面

预制混凝土构件的结合面、叠合面上应做界面增强抗剪连接处理。结合面处后浇混凝土或水泥基灌浆料的补偿收缩率不低于 1.0×10^{-4}。叠合面上应采用凹凸不小于 6mm 的自然粗糙面，或采用双向设置的间距不大于 50mm、深和宽不小于 10mm 的人工刻痕。

预制构件间刚性连接做法应符合《装配式混凝土结构技术规程》JGJ 1 相关内容的要求。综合管廊底板与叠合式侧壁连接方法如图 3-7 所示；叠合式侧壁与叠合式顶板间的连接构造如图 3-8 所示。

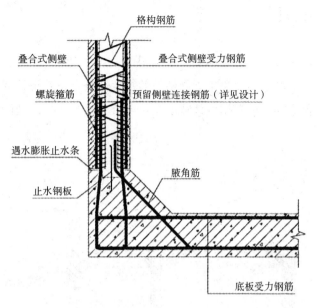

图 3-7　综合管廊底板与叠合式侧壁连接方法

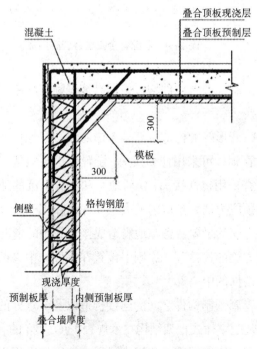

图 3-8　叠合式侧壁与叠合式顶板间的连接构造

3.5 连接设计

装配叠合式综合管廊工程由底板预制构件、叠合式侧壁构件、叠合式顶板构件三部分组成，通过预制混凝土管廊构件的组装，叠合位置浇筑混凝土，从而形成整体地下综合管廊。可根据设计宽度及长度自由组装拼接。装配式综合管廊组成见图3-9。

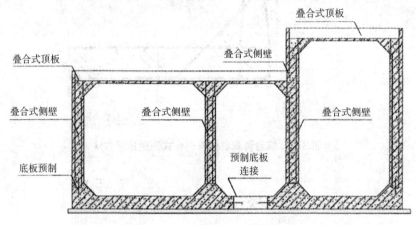

图3-9　装配叠合式综合管廊组成

其中各部分预制、叠合构件均可根据具体工程实际施工及运输情况采用现场浇筑构件予以替换。

连接部、吸收变形等的构造应充分考虑防水。在地形及地质一样且良好的地基上设置的综合管廊，可采用伸缩接头；设置在松软地基、地基骤变处的综合管廊构造变化处，宜采用挠性接头；松软地基和不等下沉的地方，通过管套对接头进行加强。采用预应力筋，预应力的大小要保证作用于接缝材料的压缩力可确保止水性能。预应力筋的量要考虑在地震造成接缝开裂的情况下，不损坏止水性能。纵向绑紧的预应力筋的连接部，原则上设置在部件的中央部。纵向预应力束的连接部，应设置在构件的中央部。

装配式综合管廊预制构件之间的连接构造以及节点处的连接要求应符合《预制预应力混凝土装配整体式框架结构技术规程》JGJ 224 的有关规定，预制构件的设计安装应符合现行国家标准《装配式混凝土结构技术规程》JGJ 1 的有关规定，装配式综合管廊工程构件截面配筋设计、构造措施均与现浇混凝土构件相同，且应符合《混凝土结构设计规范》GB 50010 和《建筑抗震设计规范》GB 50011 的有关规定。

　　预制混凝土结构的连接应具有可靠的整体受力性能。构件间钢筋连接宜优先采用便于安装施工的含有约束钢筋的钢筋锚固、搭接连接，可采用含有约束钢筋的搭接连接、焊接连接和机械连接。预制混凝土结构连接与构造应优先采用标准化方法，以提高构件连接的可靠性和制作安装的效率。采用含有约束钢筋的普通钢筋锚固长度应满足下列要求。

　　（1）当计算中充分利用钢筋的抗拉强度时，受拉钢筋的锚固长度应按下列公式计算：

$$l_\alpha = \alpha \zeta_\alpha f_y d / f_t \qquad (3\text{-}9)$$

式中：l_α——受拉钢筋的锚固长度；

　　　　ζ_α——锚固长度修正系数，具体取值应符合《混凝土结构设计规范》GB 50010；

　　　　f_y——普通钢筋的抗拉强度设计值；

　　　　f_t——混凝土轴心抗拉强度设计值，当高于 C40 时，按 C40 取值；

　　　　d——钢筋的公称直径；

　　　　α——钢筋的外形系数，当采用带肋钢筋时，$\alpha=0.140$。

　　（2）当计算中充分利用钢筋的抗压强度时，其锚固长度不应小于受拉锚固长度的 0.7 倍。

　　（3）纵向受拉钢筋的抗震锚固长度，l_{ae} 应按下列公式计算：

$$\text{一、二级抗震等级} \quad l_{ae} = 1.15 l_\alpha \qquad (3\text{-}10)$$

$$\text{三级抗震等级} \quad l_{ae} = 1.05 l_\alpha \qquad (3\text{-}11)$$

$$\text{四级抗震等级} \quad l_{ae} = l_\alpha \qquad (3\text{-}12)$$

　　底板与叠合式侧壁纵向钢筋搭接应采用竖向钢筋逐根连接，且应采用配置约束螺旋箍筋的形式，并应满足下列要求：

　　受拉钢筋的搭接长度不应小于 l_α 且不应小于 300mm，l_α 为受拉钢筋的锚固长度，抗震设计时 l_α 取 l_{ae}。

当受拉钢筋的搭接长度取 l_α 或 l_{ae} 时，螺旋箍筋环内径 D_{cor} 不应小于表 3-1 的要求。

约束螺旋箍筋最小配筋							表 3-1
竖向钢筋直径（mm）	8	10	12	14	16	18	20
约束螺旋箍筋	$\phi 4@80$	$\phi 4@70$	$\phi 4@60$	$\phi 4@50$	$\phi 4@40$	$\phi 4@60$	$\phi 4@50$
D_{cor}（mm）	35	40	45	50	55	60	65

注：查表时纵向钢筋直径取搭接钢筋中直径较大者。表中 $\phi 4@80$ 指箍筋直径为 4mm，螺距为 80mm。

螺旋箍筋配置高度范围应不小于受拉钢筋的搭接长度，螺旋箍筋两端并紧的圈数不宜少于两圈；螺旋箍筋到构件边缘的净距不应小于 15mm，螺旋箍筋之间的净距不宜小于 50mm。

装配整体式结构中，接缝的受剪承载力应按下列公式进行验算：

（1）非地震设计状况：

$$\gamma_0 V_d \leq V_{jd} \tag{3-13}$$

（2）地震设计状况：

$$V_d \leq V_{jdE}/\gamma_{RE} \tag{3-14}$$

连接部位，尚应满足：

$$\eta_j \leq V_{jdE}/V_{ma} \tag{3-15}$$

式中：γ_0——结构重要性系数，安全等级为一级时不应小于 1.1；

V_d——接缝剪力作用效应组合设计值；

V_{jd}——非地震设计状况下接缝受剪承载力设计值；

V_{jdE}——地震设计状况下接缝受剪承载力设计值；

V_{ma}——被连接构件按实配钢筋面积计算的斜截面受剪承载力设计值；

η_j——接缝强连接系数，当抗震等级为一、二级时可取 1.2，当抗震等级为三、四级时可取 1.1。

3.6　抗震设计

3.6.1　一般规定

我国地处欧亚大陆板块、太平洋板块和印度板块之间，地震活动非常频繁。综合管廊是城市生命线工程，一旦遭受地震破坏，将给社会带来巨大灾害和经济损失，因此，在设计综合管廊时，应充分考虑抗震问题。综合管廊的结构体系应根据使用要求、场地工程地质条件和施工方法确定，并应具有良好的整体性，避免抗侧力结构的侧向刚度和承载力突变。综合管廊工程抗震等级不宜低于三级。装配式综合管廊抗震设计应符合《建筑抗震设计规范》GB 50011 和《构筑物抗震设计规范》GB 50191 的有关规定。

综合管廊属于浅层地下结构。20 世纪 70 年代以前，地下结构的抗震设计基本上参照地面结构的抗震设计方法；在 20 世纪 70 年代以后，地下结构的抗震设计才逐步形成了独立的体系。然而迄今为止，我国还没有独立的地下结构抗震设计规范，对地下结构的抗震设计都只在相关规范中给出模糊的规定，缺乏系统的指导。因此在地下综合管廊设计时应根据结构在地震作用下的受力和破坏特征，有针对性地选择抗震计算方法和采取抗震措施。

3.6.2　抗震设防目标

"三水准"抗震设防目标依然适用于地下综合管廊抗震设计，具体如下：

（1）当遭受低于本工程抗震设防烈度的多遇地震影响时，结构不损坏，对周围环境及综合管廊的正常运行无影响；

（2）当遭受相当于本工程抗震设防烈度的地震影响时，结构不损坏或仅需对非重要结构部位进行一般修理，对周围环境影响轻微，不影响综合管廊的正常运营；

（3）当遭受高于本工程抗震设防烈度的罕遇地震（高于设防烈度 1 度）作用时，主要结构支撑体系不发生严重破坏且便于修复，对周围环境不产生严重影响，修复后综合管廊应能正常运行。

设计采用二阶段设计法实现"三水准"抗震设防目标，第一阶段进行多遇地震作用下构件截面抗震承载力和结构变形验算，第二阶段进行罕遇地震作用下抗震变形验算，满足罕遇地震作用下弹塑性层间位移角限值要求。

根据地震的振动特点，由于地下综合管廊是一种长线型地下结构，因此在地层分布均匀且结构规则对称时，可仅计算横向的水平地震作用；对于结构不规则应同时计算横向和纵向水平地震作用时，计算方法可采用反应位移法或等效侧力法；而对于地质条件复杂且抗震设防烈度 7° 以上的结构应同时考虑竖向地震作用，采用时程分析法计算，考虑土—结构的相互作用。

3.6.3 提高抗震能力的措施

装配式综合管廊宜建造在密实、均匀且稳定的地基上。应结合工程的特点并根据地震安全性评价报告，对沿线场地做出对抗震有利、不利地段的划分和综合评价；应避开抗震不利地段，当无法避开新近填土、软弱黏性土、液化土或严重不均匀土等抗震不利地段时，应分析其对结构抗震稳定性产生的不利影响，并采取相应抗震的地基处理措施，地基处理应符合国家、行业、地方及现行标准的有关规定；同一结构单元的基础不宜设置在性质截然不同或差异显著的地基上。

装配式综合管廊工程的抗震计算设计参数、抗震分析方法、抗震构造措施，应根据施工方法和结构形式按《建筑抗震设计规范》GB 50011、《地铁设计规范》GB 50157、《室外给水排水和燃气热力工程抗震设计规范》GB 50032 等规范执行。为防止地震对管廊及管线的安全性造成不良影响，装配式综合管廊应配置纵向连接预应力筋，并采用抗震性能良好的挠性接头。装配式综合管廊通过预应力钢材纵向紧固，因此要进行装配式综合管廊纵断方向的抗震计算。除特殊情况外，地震对横断方向影响小的，一般不需要进行抗震计算；由于装配式综合管廊主体的密度一般比周边的地基小，不受惯性力的影响，而受周边地基变形的影响。因此装配式综合管廊应根据反应位移法进行抗震计算。适用反应位移法的地基位移的振幅，应根据表层地基的固有周期及地域特性进行计算；而适用反应位移法的地基震动波长，应考虑表层地基及地基的剪切弹性波及表层地基的固有周期进行计算。

装配式综合管廊主体结构以外的结构构件、设施和机电等设备，其自身及与综合管廊结构主体的连接均应进行抗震设计，并应符合《建筑机电工程抗震设计规范》GB 50981 的相关规定。抗震设计的目的是使结构具有必要的强度、良好的延性，根据地下结构在地震作用下的受力和破坏特点有针对性地采取抗震措施，改善薄弱部件的受力和提高结构构件的延性及耗能能力上，保证结构的整体性和连续性。

装配式综合管廊由于纵向长度大，应在不同土层、不同结构连接处、转弯处、分岔处合理设置抗震缝，抗震缝的宽度和构造应能满足结构协同变形。装配式综合管廊的体形及结构布置宜规则、对称，结构质量及刚度宜均匀分布、避免突变；体形不规则的结构部分，宜结合使用功能要求合理设置结构变形缝，形成较规则的结构单元。首先，规则的建筑抗震性能比较好。震害统计表明，简单、对称的建筑在地震时较不容易破坏。对称的结构因传力路径清晰直接也容易估计其地震时反应，容易采取抗震构造措施和进行细部处理；其次，规则的建筑有良好的经济性。较规则建筑物的周期比、位移比等结构的整体控制指标很容易满足规范要求。同时由于地震力在抗侧力构件之间的分配比较均匀，从而使各结构构件的配筋大小适中，使成本控制在一个合理的范围内。相反不规则结构则会出现扭转效应明显、局部出现薄弱部位等情况。

周边地基在地震时有可能液化，要对装配式综合管廊抗浮稳定性抗力进行计算，且抗浮稳定性抗力系数不应低于 1.05。装配式综合管廊为隧道型全埋式地下建（构）筑物，一方面其线路较长，场地条件变异性较大，另一方面其外端与土层之间的摩擦力明显偏小，在不计外壁与土层之间的摩擦力的前提下，抗浮安全系数取 1.05 是安全可靠的。

类似综合管廊的地下通道、地下管道人孔等地下构筑物主要的地震灾害破坏特征之一就是，周边地基发生液化而造成上浮等状况。综合管廊周边地基液化产生过剩间隙水压，过剩间隙水压产生的浮力作用于综合管廊底面。因此，需要探讨地震时的浮力是否会使综合管廊上浮，并判定液化对策的必要性。

装配式综合管廊周边地基液化应按如下顺序进行确定（表 3-2）：

基于微地形分类的液化发生的判断基准   表 3-2

区域	地基
（1）液化可能性高的地域	现有河道、旧河道、旧水面上的填土地、填埋地
（2）有可能液化的地域	不属于（1）、（3）的冲积低地
（3）液化可能性低的地域	台地、丘陵、山地、扇形地

（1）液化探讨对象地点的抽出；

（2）液化的判定与综合管廊上浮的探讨；

（3）地基补充调查的实施与基于调查结果的液化判定及综合管廊上浮的探讨；

（4）液化对策的探讨。

装配式综合管廊提高结构抗震能力的措施主要还包括以下几点：连接节点应通过钢筋焊接牢固并整浇处理，使节点具有足够的刚度和强度，防止拉断和剪坏，保证地震力的传递；地下管廊转角处的交角不宜太小，应加强出入口处的抗震性能；钢筋连接和锚固应满足抗震性能要求，保证结构具有较好的延性；装配式综合管廊的抗震断面力，应采用装配式综合管廊的等价刚度，依据反应位移法确定。装配式综合管廊的等价刚度因接缝处产生的位移而发生变化时，应根据其变化进行计算确定。

3.7 防水设计

装配式综合管廊的防水等级为二级，防水标准应符合《地下工程防水技术规范》GB 50108 的有关规定，装配式综合管廊的防水设防应符合现行国家标准《地下防水工程质量验收规范》GB 50208 的相关规定。

装配式综合管廊地下工程部分宜采用自防水混凝土，接缝处和预制构件连接处应进行加强防水设计。管廊中的钢筋混凝土构件，由于是在工厂进行预制，在采用自防水混凝土的情况下，主体结构的防水效果较好，可不再进行相应的防水措施。而拼缝和接头等部位是防水的弱点，容易漏水、渗水，因此要充分考虑防水。装配式综合管廊接缝防水应采用预制成型弹性密封垫，弹性密封垫的界面应力应不小于 1.5MPa。装配式综合管廊弹性密封垫的界面应力限值根据《城市综合管廊工程技术规范》GB 50838 确定，主要为了保证弹性密封垫的紧密接触，达到防水防渗的目的。接缝弹性密封垫应沿环、纵面兜绕成框型。沟槽形式、截面尺寸应与弹性密封垫的形式和尺寸相匹配（图 3-10）。

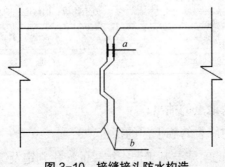

图 3-10 接缝接头防水构造

a—弹性密封垫材；*b*—嵌缝槽

接缝处至少设置一道密封垫沟槽，密封垫及沟槽的截面尺寸应符合下式要求：

$$A=1.0A_0 \sim 1.5A_0 \qquad (3\text{-}16)$$

式中：A——密封垫沟槽截面积；

A_0——密封垫截面积。

接缝处应选用弹性橡胶与遇水膨胀橡胶制成的复合密封垫。弹性橡胶密封垫宜采用三元乙丙（EPDM）橡胶或氯丁（CR）橡胶；复合密封垫宜采用中间开孔、下部开槽等特殊截面的构造形式，并应制成闭合框型。

施工缝的施工应符合下列规定：

（1）水平施工缝浇筑混凝土前，应将其表面浮浆和杂物清除，然后铺设净浆或涂刷混凝土界面处理剂、水泥基渗透结晶型防水涂料等材料；再铺 30 ~ 50mm 厚的 1∶1 水泥砂浆，并应及时浇筑混凝土；

（2）垂直施工缝浇筑混凝土前，应将其表面清理干净，再涂刷混凝土界面处理剂或水泥基渗透结晶型防水涂料，并应及时浇筑混凝土。

第4章 基坑工程设计

4.1 地基勘察

4.1.1 一般规定

基坑工程是指建筑物和构筑物的地下结构部分施工时，所进行的基坑开挖、工程降水和基坑支护，同时，对周围的建筑物、构筑物、道路和地下管线进行监测和维护，以确保正常、安全施工的综合性工程。地基勘察的目的是了解地基的工程地质和水文条件，为确定地基承载力和进行基础设计提供依据；地基勘察的内容为土层分布，水平位置和深度，每层土物理力学性质，地下水位置及性质以及其他地址问题。

应根据工程的结构类型、荷载大小、基础形式、使用条件等，对地基勘察工作提出技术要求。装配式综合管廊在地基勘察前应搜集邻近已有的地质、岩土环境资料；针对工程特点、地质条件、勘察等级、勘察阶段及设计要求等，由勘察单位根据国家现行标准的规定，结合工程经验，合理布置勘察工作量并编制勘察纲要。

装配式综合管廊的地基勘察工作应包括地质调查、测绘、勘探、取样、现场原位测试、室内试验及成果的整理分析与评价等内容，并要求如实反映建筑场地岩土的工程性质、工程地质条件和岩土环境，提供准确可靠的勘察成果。

地基勘察工作应根据勘察等级和设计阶段相对应进行，并应满足下列规定：

（1）对于重要工程或地质条件复杂的场地，应分阶段进行勘察；

（2）对于地质条件正常的场地，当建筑性质及总平面位置已确定，并掌握附近工程地质资料及建筑经验时，可直接进行详细勘察；

（3）对施工出现的特殊岩石工程问题，应进行施工勘察。

4.1.2 地基岩土的分类

地基岩土可分为：岩石、碎石土、砂土、粉土、黏性土、淤泥、淤泥质土、膨胀土红黏土和人工填土等。作为综合管廊地基的岩石，应依据影响工程性质的因素进行分类：

（1）按成因可分为岩浆岩、沉积岩和变质岩。

（2）按坚硬程度，可按表 4-1 划分为坚硬岩、较硬岩、较软岩、软岩和极软岩。

岩石坚硬程度分类　　　　　　　　表 4-1

坚硬程度	坚硬岩	较硬岩	较软岩	软岩	极软岩
饱和单轴抗压强度标准值（MPa）	$f_r > 60$	$60 \geq f_r > 30$	$30 \geq f_r > 15$	$15 \geq f_r > 5$	$f_r \leq 5$

注：1. 当无法取得饱和单轴抗压强度标准值数据时，可用点荷载试验强度换算，换算方法按《工程岩体分级标准》GB/T 50218—2014 执行；

2. 当岩体完整程度为极破碎时，可不进行坚硬程度分类。

（3）按岩体的完整性程度，可按表 4-2 划分为完整、较完整、较破碎、破碎和极破碎。

岩体完整程度分类　　　　　　　　表 4-2

完整程度	完整	较完整	较破碎	破碎	极破碎
完整性指数（K_V）	> 0.75	0.75 ~ 0.55	0.55 ~ 0.35	0.35 ~ 0.15	< 0.15

注：完整性指数 $K_V = (V_R/V_P)^2$；V_R 为岩体的弹性纵波速度（m/s），V_P 为岩块的弹性纵波速度（m/s）；选定岩体和岩块测定波速时，应注意其代表性。

（4）按风化程度，可划分为未风化、微风化、中等风化、强风化和全风化。

（5）按岩石软化系数 K_R，可划分为软化岩石和不软化岩石。当 $K_R < 0.75$ 为软化岩石，当 $K_R > 0.75$ 为不软化岩石。

（6）当岩石具有特殊成分、特殊结构或特殊性质时，应定为特殊性岩石，如易溶性岩石、膨胀性岩石、崩解性岩石等。

土的分类应符合下列规定：

（1）按土的成因年代，可划分为：老沉积土、新近沉积土和一般沉积土。

（2）按土的地质成因，可划分为：残积土、坡积土、洪积土、冲积土、海积土及湖沼积土等。

（3）按土颗粒级配和塑性指数，可根据表 4-3 ~ 表 4-6 划分碎石土、砂土、粉土和黏性土。

碎石土分类　　　　　　　　　　　　　　　　　　　　　表 4-3

土的名称	颗粒形状	颗粒级配
漂石	圆形及亚圆形为主	粒径大于200mm的颗粒质量超过总质量50%
块石	棱角形为主	
卵石	圆形及亚圆形为主	粒径大于20mm的颗粒质量超过总质量50%
碎石	棱角形为主	
圆砾	圆形及亚圆形为主	粒径大于2mm的颗粒质量超过总质量50%
角砾	棱角形为主	

注:定名时应根据颗粒级配由大到小以最先符合者确定。

砂土分类　　　　　　　　　　　　　　　　　　　　　表 4-4

土的名称	颗粒级配
砾砂	粒径大于2mm的颗粒占总质量的25%～50%
粗砂	粒径大于0.5mm的颗粒超过总质量50%
中砂	粒径大于0.25mm的颗粒超过总质量的50%
细砂	粒径大于0.075mm的颗粒超过总质量的85%
粉砂	粒径大于0.075mm的颗粒超过总质量的50%

注:定名时应根据颗粒级配由大到小以最先符合者确定。

粉土分类　　　　　　　　　　　　　　　　　　　　　表 4-5

土的名称	颗粒级配	塑性指数 I_p
黏质粉土	粒径小于0.005mm的颗粒质量超过总质量10%,小于等于总质量的15%	$I_p \leqslant 10$
砂质粉土	粒径小于0.005mm的颗粒质量不超过总质量10%	—

注:以颗粒级配为主,塑性指数作参考。

黏性土分类　　　　　　　　　　　　　　　　　　　　　表 4-6

土的名称	塑性指数 I_p
黏土	$I_p > 17$
粉质黏土	$10 < I_p < 17$

注:塑性指数应由相应于76g圆锥仪沉入土中深度为10mm时,测定的液限计算而得。

对工程意义上具有特殊成分、状态和结构特征且在一定区域分布的土应定名为特殊性土。特殊性土划分为:淤泥及淤泥质土、有机质土、填土、红黏土、膨胀土、污染土、残积土及混合土。

根据土层水平层理及交互成层等构造特点，在土层定名时，按其厚度大小及韵律变化情况，可分为"夹层"、"夹薄层"、"互层"、"透镜体"等。

4.1.3　勘察要点

岩土工程勘察工作量的布置，应符合下列规定：

（1）可行性研究勘察阶段：应在具有代表性地段布置勘探孔，勘探孔间距宜为 250 ~ 350m。

（2）初步勘察阶段：勘探孔应以控制整个场地土层变化为主，勘探点和线间距按地基复杂程度宜为 50 ~ 150m。

（3）详细勘察阶段：勘探点间距应符合表 4-7 的要求。

表 4-7

详细勘察勘探点的间距

地基复杂程度等级	复杂	中等复杂	简单
勘探点间距（m）	10 ~ 15	15 ~ 30	30 ~ 50

注：在暗河、沟、塘、浜、湖泊和冲沟地区应采用小钻孔浅部加密，查清边界线。

（4）施工勘察阶段：应针对施工阶段遇到的特殊问题，布置勘察工作量。

桩基工程勘察应查明桩端持力层及其下卧层厚度变化和所穿透岩土层的工程性质，评价成桩可能性和桩基施工对周围环境的影响。勘探点的布设与勘探工作量应符合现行国家标准《岩土工程勘察规范》GB 50021 的规定；勘察工作量布置应当满足工程设计与施工的需要，并符合现行国家标准《岩土工程勘察规范》GB 50021。

在抗震设防烈度等于或大于 6 度的地区进行勘察时，应确定场地类别。当场地位于抗震危险地段时，应根据《建筑抗震设计规范》GB 50011 的要求，提出专门研究的建议。

当存在地下气体时，应查明其分布、深度、范围、压力及成分等，并评价其对工程建设的影响。地下水勘察应符合下列规定：

（1）提供勘察时的地下水位、历史最高和最低水位，分析水位变化趋势；

（2）查明地下水的类型和含水层分布规律，提供水文地质参数，评价地下水的腐蚀性；

（3）需进行抗浮计算时，应综合考虑各种因素，提供抗浮水位的建议值；

（4）当水文地质条件对地基评价、基础抗浮和工程降水或隔渗影响较大时，应进行抽水试验或专门的水文地质勘察。

土工试验和原位测试应根据工程性质、基础类型、地基土特性和地质环境等因素综合确定；试验方法、测定参数及工程应用应符合表 4-8 的规定，原位测试方法、适用土性及工程应用应符合表 4-9 的规定。

试验方法、测定参数及工程应用 表 4-8

试验类别	试验项目	涌定参数	工程应用
物理性	含水量 密度 比重	含水量 w 密度 ρ 比重 G_S	上的基本参数计算
	液限 塑限	液限 W_L 塑限 W_P 塑限指数 I_P 液限指数 I_L	（1）黏性土的分类 （2）判定黏性土的状态
	颗粒分析	颗粒大小分布曲线 不均匀系数 $C_u=d_{60}/d_{10}$ 曲率系数 $C_c=d^2_{30}/(d_{10}\cdot d_{60})$ 有效粒径 中间粒径 平均粒径 界限粒径	（1）粉性土和砂土的分类 （2）确定黏粒含量、判别液化 （3）评价流砂、管涌的可能性
	烧失量	烧失量 Q	有机质土的分类
水理性	渗透	垂直渗透系数 K_v 水平渗透系数 K_h	（1）土层渗透性评价 （2）降水设计
力学性	固结	$e \sim p$ 曲线 压缩系数 a 压缩模量 E_S 回弹模量 E	沉降计算
		$e \sim \log p$ 曲线 先期固结压力 P_c 超固结比 OCR 压缩指数 C_c 回弹指数 C_s	（1）土的应力历史评价 （2）考虑应力历史的沉降计算
		固结系数 C_v、C_h 次固结系数 C_v	黏性土沉降速率和固结度的计算
	直剪快剪	内摩擦角 ϕ_q 黏聚力 c_q	黏土地基骤然加荷时的稳定性验算
	直剪固快	内摩擦角 ϕ 凝聚力 c	（1）天然地基承载力计算 （2）基坑及边坡稳定性验算

续表

试验类别	试验项目	涌定参数	工程应用
力学性	直剪慢剪	内摩擦角 ϕ_s 凝聚力 c_u	边坡长期稳定性验算
	三轴不固结不排水剪（UU）	内摩擦角 ϕ_u 凝聚力 c	（1）施工速度较快、排水条件较慢的黏性土地基的工期稳定性验算 （2）地基承载力计算 （3）桩周土极限摩阻力计算 （4）桩端下软弱下卧层强度验算
	三轴固结不排水剪（CU）	总应力内摩擦角 ϕ_{cu} 总应力黏聚力 ϕ_{cu} 有效应力内摩擦角 ϕ' 有效应力黏聚力 c'	（1）考虑上部荷载引起的地基强度增长，固结后地基稳定性验算 （2）基坑稳定性验算

常用原位测试方法、适用土性及工程应用 表 4-9

测试方法	适用土性	工程应用
静力触探试验（包括单桥、双桥和孔压）	黏性土、粉性土、砂土、素填土、冲填土和新加固的复合地基	（1）获得直观连续的土性变化柱状图，划分土层 （2）估算土的力学参数 （3）估算地基承载力 （4）判别场地地基液化 （5）选择桩基持力层、估算单桩承载力、判别沉桩可能性 （6）检验地基加固效果
标准贯入试验	砂土和粉性土，也可用于一般黏性土	（1）采取扰动土样，确定土名 （2）判定砂土和砂质粉土的密实度和相对密度 （3）估算砂土和砂质粉土的内摩擦角和压缩模量 （4）判别场地地基液化 （5）估算单桩承载力
十字板剪切试验	饱和软黏性土	（1）测定原位应力条件下软黏性土的不排水抗剪强度 （2）估算软黏性土的灵敏度 （3）估算地基土承载力 （4）判定软黏性土的固结历史 （5）验算软黏性土边坡的稳定性
静载荷试验（包括平板和螺旋板）	平板载荷试验适用浅层地基土，螺旋板载荷试验适用于深层地基土	（1）确定地基土承载力 （2）估算土的变形模量 （3）估算土的竖向基床系数
现场渗透试验（包括单孔和多孔注水或抽水试验）	各类地基土	（1）重要工程或深基坑工程测定土的渗透系数 （2）多孔试验还可确定地下水的渗透影响半径

续表

测试方法	适用土性	工程应用
旁压试验	黏性土、粉性土和砂土等	（1）估算地基承载力 （2）估算土的旁压模量、旁压剪切模量和侧向基床系数 （3）估算软黏性土的不排水抗剪强度和砂土的内摩擦角
扁铲侧胀试验	黏性土、粉性土和松散 - 中密的砂土	（1）可获得直观的连续的土性变化柱状图，划分土层，判定土类 （2）估算土的静止侧压力系数和侧向基床系数 （3）估算黏性土的不排水抗剪强度 （4）估算土的压缩模量 （5）判别场地地基液化
波速试验（包括检层、跨孔或多孔法）	黏性土、粉性土和砂土等土层，也适用于复合地基	（1）划分场地土类别和场地土类型 （2）提供地震反应分析所需的地基土动力参数（动剪切模量、动弹性模量、动泊松比、场地特征周期等） （3）进行场地地基震陷液化判别 （4）评价地基加固效果
圆锥动力触探试验（包括轻型、重型和超重型）	（1）轻型动力触探试验适用于换填地基、黏性土、粉土、粉砂、细砂及复合地基 （2）重型动力触探试验适用于黏性土、粉土、砂土、中密以下的碎石土、极软岩及复合地基 （3）超重型动力触探试验适用于密实碎石土、极软岩和软岩等	（1）评价填土及浅层地基均匀性 （2）确定填土及浅层地基承载力 （3）检验地基加固效果

4.2 地基处理一般规定

确定地基处理方案前，应掌握岩土勘察资料、管廊结构设计资料；应结合工程情况，了解当地地基处理经验和施工条件，对于有特殊要求的工程，应了解其他地区相似场地同类工程的地基处理经验和使用情况等；应调查邻近建筑、地下工程、周边道路及管线等环境情况；应根据工程的要求和采用天然地基存在的主要问题，确定地基处理的目的和处理后要达到的各项技术经济指标等；在选择地基处理方案时，应综合考虑场地工程地质和水文地质条件、管廊对地基要求和基础形式、周围环境条件、材料供应情况、施工条件等因素，经进行多种方案的技术经济指标比较分析后择优采用地基处理或加强主体结构与地基处理相结合的方案。

地基处理方法的确定宜按下列步骤进行：

（1）根据结构类型、荷载大小、土质条件、地下水特征、环境情况和对邻近建筑影响等因素进行综合分析，初步选出几种可供考虑的地基处理方案，包括两种或多种地基处理措施组成的综合处理方案；

（2）对初步选出的各种地基处理方案，分别从适用范围、加固原理、预期处理效果、耗用材料、工期要求、施工机械和对环境的影响等方面进行技术经济分析和对比，选择最佳的地基处理方法；

（3）对已选定的地基处理方法，应按建筑物地基基础设计等级和场地复杂程度以及该种地基处理方法在本地区使用的成熟程度，在场地有代表性的区域进行相应的现场试验或试验性施工，进行必要的测试，以检验设计参数和处理结果。若达不到设计要求，应查明原因并修改设计参数或调整地基处理方案。

常用的地基处理方法有强夯置换法、砂石桩法、振冲置换法、水泥土搅拌法以及高压喷射注浆法等。当形成复合地基时，其设计应符合下列规定：

（1）增强体顶部应设褥垫层，垫层厚度宜为 300 ~ 500mm，褥垫层可采用中砂、粗砂、砾砂、碎石和卵石等散体材料，碎石、卵石宜掺入质量百分比20% ~ 30% 的砂，其夯填度（夯实后的厚度与虚铺厚度的比值）不应大于 0.9。

（2）复合地基承载力特征值应通过现场有代表性的复合地基静载荷试验或采用增强体静载荷试验结果和其周边土的承载力特征值结合经验确定，初步设计时，对散体材料桩复合地基和有粘结强度增强体复合地基可分别按式（4-1）和式（4-2）计算：

$$f_{spk}=[1+m(n-1)]f_{sk} \tag{4-1}$$

$$f_{spk}=m\frac{R_a}{A_p}+\beta(1-m)f_{sk} \tag{4-2}$$

$$R_a=u_p\sum q_{sai}l_i+\alpha A_p q_{pa} \tag{4-3}$$

$$R_a=\eta f_{cu}A_p \tag{4-4}$$

式中：f_p——复合地基承载力特征值（kPa）；

f_{sk}——处理后桩间土承载力特征值（kPa），地表宜按现场载荷试验取值，深层土可按现场原位测试取值；

m——面积置换率；

n——桩土应力比，按地区经验取值。无实测资料且缺少经验时，对黏性土可取 2.0 ~ 5.0，对粉土和砂土可取 1.5 ~ 3.0，原土强度低时取大值，原土强度高时取小值；

P——桩间土承载力发挥系数；

R_a——单桩竖向承载力特征值（kN），取式（4-22）和式（4-23）计算结果的较小值；

q_{sai}——第 i 层土的桩侧摩阻力特征值（kPa）；

u_p——桩的截面周长（m）；

l_i——桩长范围内第 i 层土的厚度（m）；

α——桩端天然地基土的承载力折减系数；

A_p——桩的截面积（m²）；

q_{pa}——桩端土未经修正的地基承载力特征值（kPa）；

η——桩身强度折减系数；

f_{cu}——增强体试块（边长为 70.7mm 立方体）标准养护 28d 的立方体抗压强度平均值（kPa），对水泥搅拌桩，取与搅拌桩桩身水泥土配比相同的室内加固土试块在标准养护条件下 90d 龄期的立方体抗压强度平均值。

（3）复合地基变形计算应符合本章第二节的有关规定，地基变形计算深度应大于复合土层的深度，沉降计算经验系数可根据地区沉降观测资料统计值确定。复合土层的分层与天然地基相同，各复合土层的压缩模量 E_{sp} 按式（4-5）计算：

$$E_{sp}=E_s f_{spk}/f_{sk} \tag{4-5}$$

式中：E_s——天然地基各土层压缩模量。

（4）对水泥搅拌桩、高压旋喷桩复合地基，可通过设置刚性桩的措施减少复合地基变形；对散体材料桩复合地基增强体，应进行密实度检验；对有粘结强度复合地基增强体，应进行强度及桩身完整性检验。复合地基承载力的验收、检验应采用复合地基静载荷试验，对有粘结强度的复合地基增强体尚应进行单桩静载荷试验检验。

经处理后的地基，当按地基承载力确定基础底面积及埋深而需要对地基承载力特征值进行修正时，若为大面积压实填土地基，应按前文出现的承载力修正系数表格确定该系数；若为其他处理地基，基础宽度的地基承载力修正系数应取 0，基础埋深的地基承载力修正系数应取 1.0。经处理后的地基应满足建筑物地基承载力、变形和稳定性要求，地基处理的设计尚应符合下列规定：

（1）经处理后的地基，当在受力层范围内仍存在软弱下卧层时，应验算软弱下卧层的地基承载力；

（2）按地基变形设计或应做变形验算且需进行地基处理的综合管廊，应对处理后的地基进行变形验算；

（3）对建造在处理后的地基上受较大水平荷载的管廊结构，应进行地基稳定性验算。

处理后地基的整体稳定性分析可采用圆弧滑动法，其稳定安全系数不应小于1.30。散体加固材料的抗剪强度指标，可按加固材料的密实度通过试验确定；胶结材料的抗剪强度指标，可按桩体断裂后滑动面材料的摩擦性能确定。

刚度差异较大的整体大面积基础的地基处理，宜考虑主体结构、基础和地基共同作用进行地基承载力和变形验算，必要时应采取有效措施，加强主体结构的刚度和强度，以增加管廊对地基不均匀变形的适应能力；采用多种地基处理方法综合使用的地基处理工程验收、检验时，应采用大尺寸承压板进行载荷试验，试验承载力特征值的确定应符合《建筑地基处理技术规范》JGJ 79 的相关规定，其安全系数不应小于 2.0；地基处理所采用的材料，应根据场地类别符合有关标准对耐久性设计与使用的要求；地基处理施工结束后，应按国家有关规定进行工程质量检验和验收。

4.3 基坑支护

4.3.1 一般规定

基坑是指在基础设计位置按基底标高和基础平面尺寸所开挖的土坑。基坑的作用是提供一个空间，使基础的砌筑作业能够按照设计所指定的位置进行。基坑属于临时性工程。一般来说，深基坑是指开挖深度大于等于 5m 的基坑，开挖前要做好各项准备，首先应根据地质水文资料，再结合现场附近建筑物情况，决定出开挖方案，并作好防水排水工作。

基坑支护工程的设计与施工应综合考虑工程地质与水文地质条件、基坑开挖深度及形状尺寸、周边环境及荷载特征、施工技术条件以及地方经验等因素，注重概念设计，精心组织施工，严格监测与控制。基坑工程的地域性强，地方经验非常重要，由于影响基坑安全的不确定因素众多，理论计算分析结果常常与实际情况存在一定差距，应重视地方经验对基坑工程设计与施工的指导作用。注重概念设计，根据邻近类似的工程实践和当地的施工水平，采取合理的支护措施，对理论分析的结果进行判断和调整。基坑工程根据其开挖深度、周边环境条件及重要性等因素分为三个设计等级。一级基坑是指重要工程或支护结构做主体结构的一部分，开挖深度大于 10m，与邻近建筑物、重要设施的距离在开挖深度以内的基坑，基坑范围内有需要严加保护的历史文物、近代优秀建筑、轨道交通和重要管线等；三级基坑，是指开挖深度小于或等于 7m 且周围环境无特别要求的基坑；二级基坑，是指介于一级基坑、三级之间的基坑。

基坑工程设计应收集下列资料：

（1）工程地质和水文地质资料、气象资料；

（2）道路与管线资料、河道资料；

（3）管廊施工图；

（4）邻近既有建（构）筑物和地下设施的类型、基础及结构特征、使用现状、与基坑的相对位置；

（5）周边在建和待建项目的工程资料及施工计划；

（6）施工场地布置及荷载限值。

基坑工程设计应包括下列内容：

（1）基坑支护方案比较和选型；

（2）基坑稳定性计算和验算；

（3）支护结构的内力和变形计算；

（4）环境影响分析和环境保护措施；

（5）地下水控制及降排水设计；

（6）基坑支护施工的技术及质量检验要求、土方开挖要求；

（7）监测内容及要求；

（8）应急预案。

基坑工程设计应考虑下列作用效应：

（1）土压力；

（2）水压力（包括静水压力、渗流压力、承压水压力）；

（3）地面超载；

（4）开挖影响范围内的建筑物荷载；

（5）施工荷载；

（6）邻近工程施工的影响。

基坑工程设计除了需考虑基坑工程自身的施工影响因素外，还需重视邻近工程施工的影响。基坑工程自身的施工影响包括：地面超载、施工荷载等。邻近工程距离基坑工程较近时，应重视其施工的影响。邻近工程施工的影响包括：

（1）施工超载增加。邻近基坑的出土口、施工道路邻近基坑时，应考虑其超载作用；

（2）工程桩或围护桩施工影响。如邻近工程采用挤土桩，如管桩、钢板桩等，应考虑其挤土产生的侧压力增量，同时考虑其挤土效应可能引起的主动区土体强度的下降；

（3）加载或卸载效应。邻近基坑土方开挖时，卸载可能引起侧压力不平衡；钢支撑预加轴力时，增加了支护结构的侧压力；

（4）盾构法施工时土体应力状态的改变。

基坑施工应连续进行，重视时空效应。当基坑暴露时间过长，应复核基坑的安全性；不满足要求时，应采取支护加强措施。

支护结构侧压力计算应考虑下列因素：

（1）土的物理力学性质指标；

（2）地下水位、渗流条件及其变化；

（3）基坑工程的施工方法和施工顺序；

（4）支护结构相对土体的变位方向和大小；

（5）地面坡度、地面超载和邻近建（构）筑物的荷载；

（6）挡墙和土体间的摩擦特性、基坑内外工程桩的影响；

（7）支护体系的刚度、形状和插入深度。

计算支护结构侧压力时，土、水压力计算方法和土的物理力学指标取值应符合下列规定：

（1）对地下水位以上的黏性土，土的强度指标应选用三轴试验固结不排水抗剪强度指标或直剪试验固结快剪指标；对地下水位以上的粉土、砂土、碎石土，应采用有效应力抗剪强度指标。土的重度取天然重度。

（2）对地下水位以下的粉土、砂土、碎石土等渗透性能较强的土层，应采用有效应力抗剪强度指标和土的有效重度，按水土分算原则计算侧压力。

（3）对地下水位以下的淤泥、淤泥质土和黏性土，宜按水土合算原则计算侧压力。土的重度取饱和重度。

（4）对地下水位以下的正常固结和超固结土，土的抗剪强度指标可结合工程经验选用三轴试验固结不排水抗剪强度指标或直剪试验固结快剪指标。

当同一基坑采用多种不同的支护形式时，交接处应有可靠的过渡措施。基坑支护剖面的开挖深度计算应符合下列要求：

（1）坑外地面标高取值应根据场地内外自然地面标高、周边道路标高、施工单位进场后成桩施工和场地平整等因素后综合确定。对需平整的场地应明确平整的范围。

（2）坑底标高应根据管廊结构的底标高、垫层的厚度以及集水坑等局部深坑的影响综合分析确定。

土方开挖完成后应立即对基坑进行封闭，防止水浸和暴露，并应及时进行管廊结构施工。基坑工程应干燥施工，截水及降水时需防止管涌和承压水引起的破坏，避免或减少降水对周围环境的不利影响。基坑坑边设计地面超载应根据场地条件、周边道路使用状况等因素确定，并不应小于 25kPa。基坑回填应在综合管廊结构及防水工程验收合格后进行。回填材料应符合设计要求及国家现行标准的有关规定。综合管廊两侧回填应对称、分层、均匀。管廊顶板上部 1000mm 范围内回填材料应采用人工分层夯实，大型碾压机不得直接在管廊顶板上部施工。

4.3.2 设计计算

应根据场地的实际土层分布、地下水条件、环境控制条件，按基坑开挖施工过程的实际工况设计。当场地及环境条件允许，经验算能保证土坡稳定时，可采用放坡开挖。当场地条件许可、周边环境较好时可采用土钉墙支护。新填土、浜填土、淤泥和深厚软黏土等地基不宜采用土钉墙。土钉墙的设计一般包括下列内容：

（1）土钉的选型和计算，包括土钉材料、直径、长度、间距、倾角及布置等；

（2）墙体的内部整体稳定性分析与外部整体稳定性分析；

（3）喷射混凝土面层的设计计算以及土钉与面层的连接计算；

（4）注浆体强度和注浆方式。

当基坑开挖深度较深、施工场地紧张、地质条件差、环境复杂或基坑变形要求严格时，宜采用桩墙式支护结构。桩墙式支护结构宜与内支撑组合支护，也可由围护墙独立支护。围护墙可采用排桩、型钢水泥土连续墙、板桩等形式。桩墙式支护结构设计主要包括下列内容：

（1）围护墙选型；

（2）围护墙插入深度估算；

（3）基坑抗隆起稳定性验算；

（4）基坑底部土体抗渗流、抗承压水稳定性验算；

（5）围护墙抗倾覆稳定性验算；

（6）基坑整体稳定验算；

（7）围护墙的内力及变形计算；

（8）支撑的承载能力、变形及稳定性计算；

（9）围护墙、支撑、围檩、竖向立柱等构件的截面设计；

（10）基坑开挖对周围环境的影响估算。

围护墙内力及变形分析宜采用竖向弹性地基梁法，对基坑施工过程进行模拟，完整考虑土方开挖、支撑设置、地下结构施工、支撑拆除等工况内力及变形的叠加，并符合下列规定：

（1）内支撑和坑内土体对围护墙的作用以弹簧支座模拟，土体抗力大于按朗肯土压力理论得到的被动土压力时，取被动土压力；

（2）以单根桩或型钢作为计算对象，计算土压力宽度取桩或型钢中心距。

内支撑结构可采用钢支撑、钢筋混凝土支撑或钢与钢筋混凝土组合稳定的结构支撑体系，并具有足够的强度、刚度和可靠的连接构造。内支撑结构的选型与布置应综合考虑基坑形状、开挖深度、周围环境及施工顺序等因素，可采用钢支撑、钢筋混凝土支撑或钢与钢筋混凝土组合支撑体系，并尽可能对称、均匀布置。内支撑结构体系的设计计算需符合下列规定：

（1）支撑体系的荷载应包括由围护墙传来的侧向压力、钢支撑预压力、温度应力、立柱间差异沉降引起的附加应力、内支撑结构的自重和施工活荷载，其中施工活荷载取值不宜小于 $4.0kN/m^2$；

（2）水平荷载作用下，支撑体系可按封闭的平面框架计算其内力和变形。当周边水平荷载不均匀分布，或支撑刚度在平面内分布不均匀时，可在适当位置加设水平约束；

（3）竖向荷载作用下，内支撑构件的内力和变形可按多跨连续梁或空间框架进行计算；

（4）内支撑结构可采用平面杆系模型计算，现浇钢筋混凝土支撑节点按刚接考虑，钢支撑节点宜按铰接考虑。计算结果应按最不利工况取值；

（5）钢筋混凝土围檩的内力和变形可按多跨连续梁计算，钢结构围檩可按简支梁计算，计算跨度取相邻水平支撑的中心距。

内支撑构件的受压计算长度应按下列规定确定：

（1）在竖向平面内，取相邻立柱的中心距；

（2）在水平面内，取与该支撑相交的相邻横向水平支撑的中心距；

（3）对钢结构支撑，当横向与纵向支撑不在同一水平面内时，其平面内的受压计算长度应取与该支撑相交的相邻横向支撑中心距的 1.5 ~ 2.0 倍；

（4）当纵向和横向支撑的交点处未设置立柱时，在竖向平面内，现浇钢筋混凝土支撑的受压计算长度取支撑全长，钢支撑的受压计算长度取支撑全长的 1.2 倍；

（5）当围檩（或压顶梁）按偏心受压构件计算时，钢筋混凝土围檩（或压顶梁）的受压计算长度取相邻水平支撑的中心距，钢围檩的受压计算长度取相邻水平支撑中心距的 1.5 倍。

4.3.3 地下水控制

地下水控制应根据工程、水文地质条件和施工、环境条件，防止基坑施工期间渗流和承压水引起的破坏。地下水控制的措施应结合基坑支护方案综合分析确定，可采用集水明排、截水、降水以及地下水回灌等方法。降水可以减小作用在支护结构上的侧压力，从而降低地下水渗流破坏的风险和支护结构的施工难度，但随之带来对周边环境造成影响的问题，因此需合理确定地下水控制方案，控制基坑降水对周边环境的影响。

根据具体工程特点，基坑工程可采用一种或多种地下水控制方法相结合的形式进行。如降水 + 回灌，隔渗帷幕 + 坑内降水，隔渗帷幕 + 坑边控制性降水，部分基坑边降水 + 部分基坑边截水等。降水或截水一般都需结合集水明排。

基坑可设置竖向或水平向截水帷幕等措施截水。当地质条件和环境条件复杂时，可采用多种截水方法组合。截水帷幕的渗透系数应小于 $1 \times 10^{-7} \mathrm{cm/s}$，厚度应满足防渗要求。基坑截水要求高时，截水帷幕宜连续、封闭，截水帷幕与支护结构应紧密相贴。基坑降水可采用轻型井点、自流深井、真空深井等。降水井的深度应根据设计水位降深、含水层的埋藏分布和降水井的出水能力等综合确定。

停止降水的时间应根据管廊结构施工情况、抗浮要求和围护结构形式等综合确定。当坑底以下存在承压含水层时，应进行坑底土体抗承压水稳定性验算；不满足时可采用竖向和水平向截水帷幕、承压水减压等措施。明沟和集水井可用于坑顶截、排水，也可用于基坑降水。用于基坑降水时，降水深度不宜超过 5m。对易于产生流砂、潜蚀的场地，不应采用明沟和集水井降水。当基坑周边有建（构）筑物或地下管线等需保护，且坑外水位降深较大时，可采取回灌措施。浅层回灌宜采用回灌砂井或回灌砂沟，深层回灌宜采用回灌井，在基坑施工期间，应对基坑内外地下水位的控制效果及其环境影响进行动态监测，并根据监测数据指导施工。

第 5 章　预制装配式综合管廊结构耐久性设计

5.1　一般环境的耐久性设计

5.1.1　一般规定

一般环境下装配式综合管廊结构的耐久性极限即正常大气作用下表层混凝土碳化引发的内部钢筋锈蚀，是管廊结构中最常见的劣化现象，也是耐久性设计中的首要问题。在一般环境作用下，依靠结构本身的耐久性质量、适当的保护层厚度和有效的防排水措施，以达到所需的耐久性要求。

当管廊结构同时承受其他环境作用时，可按环境作用等级较高的有关要求进行耐久性设计。

5.1.2　环境作用等级分类

一般环境对装配式综合管廊的环境作用等级可根据具体情况按表 5-1 确定。

一般环境的作用等级分类　　　　　　　　　　表 5-1

环境作用等级	环境条件	结构构件示例
I-A	干燥环境	常年干燥、低湿度环境中的构件
I-B	长期湿润环境	长期与水或湿润土体接触的构件
I-C	干湿交替环境	与蒸汽频繁接触的管廊内构件；处于水位变动区的构件

注：1. 环境条件系指结构表面的局部环境；
2. 干燥、低湿度环境指年平均湿度低于 60%，湿润环境指年平均湿度大于 60%；
3. 干湿交替指结构表面经常交替接触到大气和水的环境条件；
4. 未提及的一般环境条件下的作用等级可按照《混凝土结构设计规范》GB 50010 和相关规范执行。

确定大气环境对结构与构件的作用程度，需要考虑的环境因素主要是湿度（水）、温度和 CO_2 与 O_2 的供给程度。对于结构的碳化过程，如果周围大气的相对湿度较高,结构内部孔隙充满孔隙溶液,则空气中的 CO_2 难以进入混凝土内部,碳化就不能或只能非常缓慢地进行;如果周围大气的相对湿度很低,结构内部比较干燥,碳化反应也很难进行。对于钢筋的锈蚀过程,电化学反应要求结构有一定的电导率,当结构内部的相对湿度低于 70% 时,由于混凝土电导率太低,钢筋锈蚀很难进行;同时,锈蚀电化学过程需有水和氧气参与,当结构处于湿度接近饱和时,氧气难以到达钢筋表面,锈蚀会因为缺氧而难以发生。

5.2　冻融环境的耐久性设计

5.2.1　一般规定

冻融是指土层由于温度降到零度以下和升至零度以上而产生冻结和融化的一种物理地质作用和现象。混凝土建筑物所处环境凡是有正负温交替,以及混凝土内部含有较多水的情况下,混凝土都会发生冻融循环,以至疲劳破坏,因此,混凝土的冻融破坏是混凝土耐久性的最具代表性的指标。冻融环境下装配式混凝土结构综合管廊的耐久性设计,应控制混凝土遭受长期冻融循环作用引起的损伤。长期与水体直接接触并会发生反复冻融的混凝土结构构件,应考虑冻融环境的作用。最冷月平均气温高于 2.5℃ 的地区,装配式混凝土结构综合管廊可不考虑冻融环境作用。

5.2.2　环境作用等级

冻融环境对装配式混凝土结构综合管廊的环境作用等级应按表 5-2 确定。

位于冰冻线以上的土中的混凝土结构构件,其环境作用等级可根据当地实际情况和经验适当降低;偶然遭受冻害的饱水混凝土结构构件,其环境作用等级可按上表的规定降低一级;直接接触积雪的装配式混凝土结构综合管廊,其环境作用等级可适当提高,并宜增加表面防护措施。

冻融环境对装配式混凝土结构综合管廊的环境作用等级　　　　　表 5-2

环境作用等级	环境条件	结构构件示例
II-C	微冻地区的无盐环境 混凝土高度饱水	微冻地区的水位变动区构件和频繁受雨淋的构件水平表面
	严寒和寒冷地区的无盐环境 混凝土中度饱水	严寒和寒冷地区受雨淋构件的竖向表面

环境作用等级	环境条件	结构构件示例
Ⅱ-D	严寒和寒冷地区的无盐环境 混凝土高度饱水	严寒和寒冷地区的水位变动区构件和频繁 受雨淋的构件水平表面
	微冻地区的有盐环境 混凝土高度饱水	有氯盐微冻地区的水位变动区构件和频繁 受雨淋的构件水平表面
	严寒和寒冷地区的有盐环境 混凝土中度饱水	有氯盐严寒和寒冷地区受雨淋构件的竖向 表面
Ⅱ-E	严寒和寒冷地区的有盐环境 混凝土高度饱水	有氯盐严寒和寒冷地区的水位变动区构件 和频繁受雨淋的构件水平表面

注：1.冻融环境按当地最冷月平均气温划分为微冻地区、寒冷地区和严寒地区，其平均气温分别为：-3～25℃、-8～-3℃和-8℃以下；

2.中度饱水指冰冻前偶受水或受潮，混凝土内饱水程度不高；高度饱水指冰冻前长期或频繁接触水或湿润土体，混凝土内高度水饱和；

3.无盐或有盐指冻结的水中是否含有盐类，包括海水中的氯盐、除冰盐或其他盐类。

5.2.3 材料与保护层厚度

（1）在冻融环境下，混凝土原材料的选用应符合本指南附录 A 的规定。

环境作用等级为Ⅱ-D 和Ⅱ-E 的混凝土结构构件应采用引气混凝土，引气混凝土的含气量与气泡间隔系数应符合表 5-3 的规定。

引气混凝土含气量（%）和平均气泡间隔系数　　　　表 5-3

含气量 骨料 最大粒径（mm）	混凝土高度饱水	混凝土中度饱水	盐或化学腐蚀下冻融
10	6.5	5.5	6.5
15	6.5	5.0	6.5
25	6.0	4.5	6.0
40	5.5	4.0	5.5
平均气泡间隔系数（μm）	250	300	200

注：1.含气量从运至施工现场的新拌混凝土中取样，用含气量测定仪（气压法）测定，允许绝对误差为±1.0%，测定方法应符合《普通混凝土拌合物性能试验方法标准》GB/T 50080；

2.气泡间隔系数从硬化混凝土中取样（芯）测得的数值，用直线导线法测定，根据抛光混凝土截面上气泡面积推算三维气泡平均间隔，推算方法可按《水工混凝土试验规程》DL/T 5150 的规定执行；

3.表中含气量：C50 混凝土可降低 0.5%，C60 混凝土可降低 1%，但不应低于 3.5%。

（2）重要工程和大型工程，混凝土的抗冻耐久性指数不应低于表 5-4 的规定。

混凝土抗冻耐久性指数 DF（%）　　　　　　　　表 5-4

设计使用年限	100 年			50 年			30 年		
环境条件	高度饱水	中度饱水	盐或化学腐蚀下冻融	高度饱水	中度饱水	盐或化学腐蚀下冻融	高度饱水	中度饱水	盐或化学腐蚀下冻融
严寒地区	80	70	85	70	60	80	65	50	75
寒冷地区	70	60	80	60	50	70	60	45	65
微冻地区	60	60	70	50	45	60	50	40	55

注：1. 抗冻耐久性指数为混凝土试件经 300 次快速冻融循环后混凝土的动弹性模量 E_1 与其初始值 E_0 的比值，$DF=E_1/E_0$；如在达到 300 次循环之前 E_1 已降至初始值的 60% 或试件重量损失已达到 5%，以此时的循环次数 N 计算 DF 值，$DF=0.6 \times N/300$；

2. 对于厚度小于 150mm 的薄壁混凝土构件，其 DF 值宜增加 5%。

5.3　氯化物环境的耐久性设计

5.3.1　一般规定

环境中的氯化物以水溶氯离子的形式通过扩散、渗透和吸附等途径从管廊混凝土构件表面向混凝土内部迁移，可引起混凝土内钢筋的严重锈蚀。氯离子引起的钢筋锈蚀难以控制、后果严重，因此，是装配式综合管廊结构耐久性的重要问题，应控制氯离子引起的钢筋锈蚀。

当环境作用等级非常严重或极端严重时，按照常规手段通过增加混凝土强度、降低混凝土水胶比和增加混凝土保护层厚度的办法，仍然有可能保证不了 100 年设计使用年限的要求。这时宜考虑采用一种或多种防腐蚀附加措施，并建立合理的多重防护策略，提高结构使用年限的保证率。在采取防腐蚀附加措施的同时，不应降低混凝土材料的耐久性质量和保护层的厚度要求。

常用的防腐蚀附加措施有：混凝土表面涂刷防腐面层或涂层、采用环氧涂层钢筋、应用钢筋阻锈剂等。环氧涂层钢筋和钢筋阻锈剂只有在耐久性优良的混凝土材料中才能起到控制构件锈蚀的作用。

氯化物环境作用等级为 E、F（表 5-5）的配筋混凝土结构，应在耐久性设计文件中提出结构使用过程中定期检测的要求。定期检测可以尽快发现问题，并及时采取补救措施。

氯化物环境中，用于稳定周围岩土的混凝土初期支护，当作为永久性混凝土结构的一部分时，应满足相应的耐久性要求，否则不应考虑其中的钢筋和型钢在永久承载中的作用。

5.3.2 环境作用等级

（1）氯化物环境对管廊混凝土结构构件的环境作用等级，应按表5-5确定。

氯化物环境的作用等级分类　　　　　　　　　　　　　　表 5-5

环境作用等级	环境条件
Ⅲ-C	水下区和土中区：周边永久浸没于海水或埋于土中； 大气区：涨潮岸线以外 300～1000m 内的陆上室外环境
Ⅲ-E	大气区（重度盐雾）： 距平均水位上方 15m 高度以内的海上大气区 离涨潮岸线 100m 以内、低于海平面以上 15m 的陆上室外环境
Ⅲ-F	潮汐区和浪溅区，非炎热地区 潮汐区和浪溅区，炎热地区

注：1. 近海环境中的水下区、潮汐区、浪溅区和大气区的划分，按《海港工程混凝土结构防腐蚀技术规范》JTJ 275 的规定确定。近海或海洋环境的土中区指海底以下或近海的陆区地下，其地下水中的盐类成分与海水相近；

2. 海水激流中构件的作用等级宜提高一级；

3. 轻度盐雾区与重度盐雾区界限的划分，宜根据当地的具体环境和既有工程调查确定。靠近海岸的陆上建筑物，盐雾对室外混凝土构件的作用尚应考虑风向、地貌等因素。密集建筑群，除直接面海和迎风的建筑物外，其他建筑物可适当降低作用等级；

4. 炎热地区指年平均温度高于 20℃的地区；

5. 内陆盐湖中氯化物的环境作用等级可比照上表规定确定。

对于水中的配筋混凝土结构，氯盐引起钢筋锈蚀的环境可进一步分为水下区、潮汐区、浪溅区、大气区和土中区。长年浸没于水中的混凝土，由于水中缺氧使锈蚀发展速度变得极其缓慢甚至停止，所以钢筋锈蚀危险性不大。潮汐区特别是浪溅区的情况则不同，混凝土处于干湿交替状态，混凝土表面的氯离子可通过吸收、扩散、渗透等多种途径进入混凝土内部，而且氧气和水交替供给，使内部的钢筋具备锈蚀发展的所有条件。浪溅区的供氧条件最为充分，锈蚀最严重。

《海港混凝土结构防腐蚀技术规范》JTJ 275 在大量调查研究的基础上，分别对浪溅区和潮汐区提出不同的要求。根据大量调查表明，平均潮位以下的潮汐区，混凝土在落潮时露出水面时间短，且接触的大气的湿度很高，所含水分较难蒸发，所以混凝土内部饱水程度高、钢筋锈蚀没有浪溅区显著。但本规范考虑到潮汐区内进行修复的难度，将潮汐区与浪溅区按同一作用等级考虑。南方炎热地区温度高，氯离子扩散系数增大，钢筋锈蚀也会加剧，所以炎热气候应作为一种加剧钢筋锈蚀的因素考虑。

表 5-5 中对靠海构件环境作用等级的划分，尚有待积累更多调查数据后作进一步修正。设计人员宜在调查工程所在地区具体环境条件的基础上，采取适当的防腐蚀要求。

（2）管廊结构的构件维修困难，宜取用较高的环境作用等级。管廊混凝土构件接触土体的外侧设置排水通道有可能引入空气时，应按Ⅲ-E 级考虑。管廊构件接触空气的内侧可能接触渗漏的海水，底板和侧墙底部应按Ⅲ-E 级考虑，其他部位可根据具体情况确定。

（3）江河入海口附近水域的氯盐含量应根据实测确定，当氯盐含量明显低于海水时，其环境作用等级可根据具体情况低于表 5-5 的规定。

近海环境的氯化物对混凝土结构的腐蚀作用与当地海水中的含盐量有关。表 5-5 的环境作用等级是根据一般海水的氯离子浓度（约 18 ～ 20g/L）确定的。不同地区海水的含盐量可能有很大差别，沿海地区海水的含盐量受到江河淡水排放的影响并随季节而变化，海水的含盐量有可能较低，可取年均值作为设计的依据。

河口地区虽然水中氯化物含量低于海水，但是对于大气区和浪溅区，混凝土表面的氯盐含量会不断积累，其长期含盐量可以明显高于周围水体中的含盐浓度。在确定氯化物环境的作用等级时，应充分考虑到这些因素。

（4）除冰盐等其他氯化物环境对于混凝土结构构件的环境作用等级宜根据调查确定；当无相应的调查资料时，可按表 5-6 确定。

对于同一构件，应注意不同侧面的局部环境作用等级的差异。

水或土体中氯离子浓度的高低对与之接触并部分暴露于大气中构件锈蚀的影响，目前尚无确切试验数据，表 5-6 注 1 中划分的浓度范围可供参考。

除冰盐等其他氯化物环境的作用等级　　　　　　　　　　　　表 5-6

环境作用等级	环境条件
Ⅳ-C	受除冰盐盐雾轻度作用
	四周浸没于含氯化物水中
	接触较低浓度氯离子水体，且有干湿交替

续表

环境作用等级	环境条件
Ⅳ-D	受除冰盐水溶液轻度溅射作用
	接触较高浓度氯离子水体，且有干湿交替
Ⅳ-E	直接接触除冰盐溶液
	受除冰盐水溶液重度溅射或重度盐雾作用
	接触高浓度氯离子水体，有干湿交替

注：1. 水中氯离子浓度（mg/L）的高低划分为：较低 100 ~ 500；较高 500 ~ 5000；高 >5000；
土中氯离子浓度（mg/kg）的高低划分为：较低 150 ~ 750；较高 750 ~ 7500；高 >7500；
2. 除冰盐环境的作用等级与冬季喷洒除冰盐的具体用量和频度有关，可根据具体情况作出调整。

5.3.3 材料与保护层厚度

（1）氯化物环境中应采用掺有矿物掺和料的混凝土。氯化物环境下不宜使用抗硫酸盐硅酸盐水泥。海洋氯化物环境作用等级为Ⅲ-E和Ⅲ-F的配筋混凝土，宜采用大掺量矿物掺和料混凝土。

抗硫酸盐硅酸盐水泥中由于限制了硅酸三钙的含量，水泥石中的碱度相对较低，对钢筋的保护性能较差，因此在氯盐环境下的钢筋混凝土结构中不宜采用抗硫酸盐硅酸盐水泥。

低水胶比的大掺量矿物掺和料混凝土，在长期使用过程中的抗氯离子侵入的能力要比相同水胶比的硅酸盐水泥混凝土高得多，所以在氯化物环境中不宜单独采用硅酸盐水泥作为胶凝材料。为了增强混凝土早期的强度和耐久性发展，通常应在矿物掺和料中加入少量硅灰，可复合使用两种或两种以上的矿物掺和料，如粉煤灰加硅灰、粉煤灰加矿渣加硅灰。不受冻融环境作用的氯化物环境也可使用引气混凝土，含气量可控制在 4.0% ~ 5.0%，试验表明，适当引气可以降低氯离子扩散系数，提高抗氯离子侵入的能力。

使用大掺量矿物掺和料混凝土，必须有良好的施工养护和保护。如施工现场不具备规范规定的混凝土养护条件，就不应采用大掺量矿料混凝土。

氯离子在混凝土中的扩散系数会随着龄期或暴露时间的增长而逐渐降低，这个衰减过程在大掺量矿物掺和料混凝土中尤其显著。如果大掺量矿物掺和料与非大掺量矿物掺和料混凝土的早期（如 28 或 84 天）扩散系数相同，非大掺量矿物掺和料混凝土中钢筋就会更早锈蚀。因此，在Ⅲ-E和Ⅲ-F环境下不能采用大掺量矿物掺和料混凝土时，需要提高混凝土强度等级（如 10 ~ 15N/mm²）或同时增加保护层厚度（如 5 ~ 10mm），具体宜根据计算或试验研究确定。

（2）对大截面配筋混凝土受压构件中的钢筋，宜采用较大的混凝土保护层厚度，且相应的混凝土强度等级不宜降低。对于受氯化物直接作用的混凝土受压构件顶面，宜加大钢筋的混凝土保护层厚度。

与受弯构件不同，增加墩柱等受压构件的保护层厚度基本不会增大构件材料的工作应力，但能显著提高构件对内部钢筋的保护能力。氯化物环境的作用存在许多不确定性，为了提高结构使用年限的保证率，采用增大保护层厚度的办法要比附加防腐蚀措施更为经济。

（3）在特殊情况下，对处于氯化物环境作用等级为 E、F 中的配筋混凝土构件，应采取可靠的防腐蚀附加措施。

（4）对于氯化物环境中的重要配筋混凝土结构工程，应明确混凝土的氯离子扩散系数，氯离子扩散系数应满足表 5-7 的要求。

混凝土的氯离子　　　　　　　　　　　　　　　　　　　　　　表 5-7

设计使用年限	100 年		50 年	
作用等级	D	E	D	E
28d 龄期氯离子扩散系数 D RCM（10 ~ 12m²/s）	≤ 7	≤ 4	≤ 10	≤ 6

注：表中的 D RCM 值适用于较大或大掺量矿物掺和料混凝土，对于胶凝材料主要成分

为硅酸盐水泥的混凝土，应采取更为严格的要求。

氯化物环境中混凝土需要满足的氯离子侵入性指标。氯化物环境下的混凝土侵入性可用氯离子在混凝土中的扩散系数表示。根据不同测试方法得到的扩散系数在数值上不尽相同并各有其特定的用途。D RCM 是在实验室内采用快速电迁移的标准试验方法（RCM 法）测定的扩散系数。试验时将试件的两端分别置于两种溶液之间并施加电位差，上游溶液中含氯盐，在外加电场的作用下氯离子快速向混凝土内迁移，经过若干小时后劈开试件测出氯离子侵入试件中的深度，利用理论公式计算得出扩散系数，称为非稳态快速氯离子迁移扩散系数。这一方法最早由唐路平提出，现已得到较为广泛的应用，不仅可以用于施工阶段的混凝土质量控制，而且还可结合根据工程实测得到的扩散系数随暴露年限的衰减规律，用于定量估算混凝土中钢筋开始发生锈蚀的年限。

本指南推荐采用 RCM 法，具体试验方法可参见中国土木工程学会标准《混

凝土结构耐久性设计与施工指南》CCES01（2005 年修订版）。混凝土的抗氯离子侵入性也可以用其他试验方法及其指标表示。比如，美国 ASTM C1202 快速电量测定方法测量一段时间内通过混凝土试件的电量，但这一方法用于水胶比低于 0.4 的矿物掺和料混凝土时误差较大；我国自行研发的 NEL 氯离子扩散系数快速试验方法测量饱盐混凝土试件的电导率。

（5）氯化物环境中钢筋混凝土构件的纵向受力钢筋直径不应小于 16mm。

当采用不锈钢钢筋等具有耐腐蚀性能的钢筋时钢筋直径可适当降低。

5.4 化学腐蚀环境的耐久性设计

5.4.1 一般规定

化学腐蚀环境主要包括腐蚀性水环境、腐蚀性土壤环境、大气污染环境等。化学腐蚀环境下管廊工程混凝土结构的耐久性设计，应控制混凝土遭受化学物质长期侵蚀引起的损伤。严重化学腐蚀环境下的混凝土结构构件，应结合当地环境和既有建筑物的调查，必要时可在混凝土表面施加环氧树脂涂层，设置水溶性树脂砂浆抹面层或铺设其他防腐蚀面层，也可加大混凝土件的截面尺寸。对于配筋混凝土结构薄壁构件宜增加其厚度。

当混凝土结构构件处于硫酸根离子浓度大于 1500mg/L 的流动水或 pH 值小于 3.5 的酸性水中时，应在混凝土表面采取专门的防腐蚀附加措施；当混凝土结构构件同时承受其他环境作用时，应按环境作用等级较高的有关要求进行耐久性设计。

5.4.2 环境作用等级

（1）腐蚀性水环境是指水溶性盐离子如 SO_4^{2-}、Mg^{2+}、酸性 pH 值等对混凝土的侵蚀作用。水中硫酸盐和酸类物质环境作用等级划分应按表 5-8 的要求执行。当表中多种化学物质共同作用无叠加效应时，应取其中最高的作用等级作为设计的环境作用等级。如其中有两种或多种化学物质的作用等级相同时，应将设计的环境作用等级再提高一个等级，以考虑可能加重的化学腐蚀后果。

（2）腐蚀性土壤环境主要是指土壤中 SO_4^{2-} 对混凝土的侵蚀作用。硫酸盐和酸类物质环境作用等级划分应按表 5-9 的要求执行。

水中硫酸盐和酸类物质对混凝土结构的环境作用等级　　表 5-8

环境作用等级	水中硫酸根离子浓度（mg/L）	水中镁离子浓度（mg/L）	水中酸碱度（pH 值）	水中侵蚀性二氧化碳浓度（mg/L）
V-C	200 ~ 1000	300 ~ 1000	6.5 ~ 5.5	15 ~ 30
V-D	1000 ~ 4000	1000 ~ 3000	5.5 ~ 4.5	30 ~ 60
V-E	4000 ~ 10000	≥ 3000	< 4.5	60 ~ 100

注：1. 在高水压条件下应提高相应的环境作用等级；

2. 对含有较高浓度的地下水、土且不存在干湿交替作用时，可不单独考虑硫酸盐的作用；

3. 当混凝土结构构件处于硫酸根离子浓度大于 1500mg/L 的流动水或 pH 值小于 3.5 的酸性水中时，应在混凝土表面采取专门的防腐蚀附加措施。

土中硫酸盐和酸类物质对混凝土结构的环境作用等级　　表 5-9

环境作用等级	土中硫酸根离子浓度（水溶值）（mg/kg）
V-C	300 ~ 1500
V-D	1500 ~ 6000
V-E	6000 ~ 15000

注：当混凝土结构构件处于弱透水土体中时，土中硫酸根、水中镁离子、水中侵蚀性二氧化碳及水的 pH 值的作用等级可按相应的等级降低一级。

水中硫酸根离子浓度测定方法应符合《铁路工程水质分析规程》TB 10104 土中硫酸根离子浓度的测定方法应符合《铁路工程水质分析规程》TB 10104。

（3）大气污染环境作用等级划分应按表 5-10 的要求执行。

大气污染环境作用等级　　表 5-10

环境作用等级	环境条件	结构构件示例
V-C	汽车或机车废气	隧道洞内厚型涂层
V-D	汽车或机车废气；酸雨（雾、露）pH 值 ≥ 4.5	遭酸雨频繁作用的构件；隧道洞内薄型涂层
V-E	汽车或机车废气；酸雨 pH 值 < 4.5	遭酸雨频繁作用的构件；隧道洞内无涂层

（4）混凝土污水管等受硫化氢气体或腐蚀性液体侵蚀的混凝土结构构件，按其严重程度宜参照环境作用等级考虑 V-D 或 V-E 考虑；对长期浸没于废液中的构件或部位，宜按 V-C 级考虑。

（5）综合管廊处于干湿交替环境中的部位，应采用防腐附加措施。

5.4.3 材料与保护层厚度

（1）化学腐蚀环境下的混凝土不宜单独使用硅酸盐水泥或普通硅酸盐水泥作为胶凝材料。如使用含有矿物混合材料的水泥（如普通硅酸盐水泥和矿渣水泥），则应了解水泥中的矿物混合材料品种、质量和掺量，与配制混凝土时加入的矿物掺合料一起计算混凝土中所有混合、掺和料占胶凝材料总量的份额百分比。

混凝土中的游离水给混凝土的耐久性带来不利影响，限制混凝土的最大水胶比可以在满足混凝土强度等级的前提下，控制混凝土中游离水量，从而有效地改善其抗渗性、密实性等耐久性能。为保证混凝土拌合物的工作性，需限制胶凝材料的最小用量。此外，当胶凝材料用量过大时，水泥过高的水化热会增加混凝土的开裂可能性。因此，胶凝材料的用量应予以控制，不宜过大或过小。

（2）水、土中的化学腐蚀环境、大气污染环境和含盐大气环境中的素混凝土结构构件，其混凝土的最低强度等级和最大水胶比应与配筋混凝土结构构件相同。

（3）当采用环氧涂层钢筋和不锈钢钢筋时，保护层厚度可酌减，并不宜低于表中同一环境类别下的最低环境作用等级所对应的保护层厚度。

第6章 预制结构的制作与运输

6.1 构件制作准备

预制混凝土管廊构件生产应在工厂内进行，生产线及生产设备符合相关行业技术标准要求。构件生产企业依据构件制作图进行预制混凝土管廊构件的制作，应对预制混凝土管廊构件生产所需的原材料、部件等进行分类标识。生产企业根据预制混凝土管廊构件型号、形状、重量等特点制定相应的工艺流程，明确质量要求和生产各阶段质量控制要点，编制完整的构件制作计划书，对预制混凝土管廊构件生产全过程进行严格的质量管理和计划管理。

制作预制构件的场地应平整、坚实，并应采取排水措施。当采用台座生产预制构件时，台座表面应光滑平整，2m 长度内表面平整度不应大于 2mm，在气温变化较大的地区宜设置伸缩缝。

在构件生产之前，应对各分项工程进行技术交底，并对员工进行专业技术操作技能的岗位培训。上道工序质量检测结果须符合设计要求、相关标准规定和合同要求时，才能进行下道工序。

预制混凝土管廊构件生产企业应建立满足唯一性要求的构件标识系统。构件不合格者，应用明显标志在构件显著位置标识，并且应远离合格构件区域，可修复的不合格构件经修复且合格后方可用于实际工程。预制混凝土管廊构件生产企业应根据构件的生产工艺及技术要求、质量标准、模具周转次数等相关条件选择模具。混凝土搅拌原材料计量误差应满足表 6-1 的规定。

钢筋骨架尺寸应准确，骨架吊装时应采用多吊点的专用吊架，防止骨架产生变形；保护层垫块宜采用塑料类垫块，且应与钢筋骨架或网片绑扎牢固；垫块按梅花状布置，间距满足钢筋限位及控制变形要求；钢筋骨架入模时应轻放，保持平直、无损伤，表面不得有油污或者锈蚀；应按构件图安装好预埋件；钢筋网片或骨架装入模具后，应按设计图纸要求对钢筋规格、位置、间距、保护层厚度等进行检查，允许偏差应符合表 6-2 规定。

材料的计量误差（重量）　　　　　　　　　　表 6-1

材料的种类	计量误差（%）
水泥	±2
骨料	±3
水	±2
掺合料	±2
高炉矿渣粉	±2
外加剂	±3

钢筋网或者钢筋骨架尺寸和安装位置偏差（mm）　　　　表 6-2

序号	项目		允许偏差(mm)	检查方法
1	钢筋骨架（网）	长、宽、高	±5	每架（片）骨架用钢尺检查4点
2	受力钢筋	间距	±10	
		层距	±5	
		保护层厚度	±3	
3	钢筋弯起位置		±10	用钢尺全数检查
4	分布筋间距		±5	用钢尺全数检查

注：表中保护层厚度的合格率点应达到90%以上，且不合格点不得有超过表中数值1.5倍的尺寸偏差。

固定在模板上的连接件、预埋件、预留孔洞位置的偏差应符合表 6-3 的规定。

连接件、预埋件、预留孔洞的允许偏差（mm）　　　　表 6-3

项目		允许偏差	检验方法
连接件	1:1:1心线位置	±3	钢尺检查
	安装垂直度	1/40	拉水平线、竖直线测量两端差值且满足连接套管施工误差要求
预埋件（插筋、螺栓、吊具等）	中心线位置	±5	钢尺检查
	外露长度	0，+5	钢尺检查且满足施工误差要求
	安装垂直度	1/40	拉水平线、竖直线测量两端差值且满足施工误差要求
预留孔洞	中心线位置	±5	钢尺检查
	尺寸	0，+8	钢尺检查
其他需要先安装的部件	安装状况：种类、数量、位置、固定状况		与构件制作图对照及目视

混凝土浇筑前，应逐项对垫块、模具、钢筋、支架、连接件、预埋件、吊具、预留孔洞等进行检查验收，并做好隐蔽工程记录。混凝土浇筑时，应保证模具、预埋件、连接件不发生移位或变形，如有偏差应采取措施及时纠正。混凝土从出机到浇筑过程不应有间歇时间，应边浇筑、边振捣，混凝土振捣时应采用插入式振动棒、平板振动器或附着振动器，必要时可采用人工辅助振捣。除此之外尚可采用振动台等振捣方式。预制混凝土管廊构件应采用水平浇筑成型工艺。

6.2 材料

预制混凝土管廊构件外观不能有严重缺陷，且尽量避免一般缺陷。对于一般缺陷，应按相关技术方案处理，并应重新检测。处理方案详见表 6-4。

预制混凝土管廊构件的允许尺寸偏差及检验方法应符合《装配式混凝土结构技术规程》JGJ 1 相关内容的要求。

构件表面破损和裂缝处理方案 表 6-4

项目		处理方案	检查依据与方法
破损	1. 影响结构性能且不能恢复的破损	废弃	目测
	2. 影响钢筋、连接件、预埋件锚固的破损	废弃	目测
	3. 上述 1.2. 以外的，破损长度超过 20mm	修补 1	目测、卡尺测量
	4. 上述 1.2. 以外的，破损长度 20mm 以下	现场修补	
裂缝	1. 影响结构性能且不可恢复的裂缝	废弃	目测
	2. 影响钢筋、连接件、预埋件锚固的裂缝	废弃	目测
	3. 裂缝宽度大于 0.3mm 且裂缝长度超过 300mm	废弃	目测、卡尺测量
	4. 上述 1.2.3. 以外的，裂缝宽度超过 0.2mm	修补 2	目测、卡尺测量
	5. 上述 1.2.3. 以外的，宽度不足 0.2mm 且在外表面时	修补 3	目测、卡尺测量

注：修补 1：用不低于混凝土设计强度的专用修补浆料修补。

修补 2：用环氧树脂浆料修补。

修补 3：用专用防水浆料修补。

6.3 模具和预埋件

6.3.1 模具要求

制作预制混凝土管廊构件模具应满足混凝土浇筑、脱模、翻转、起吊时足够的强度、刚度和稳定性要求，应能满足预制构件预留孔、插筋、预埋吊件及其他预埋件的定位要求，并便于清理和涂刷隔离剂。模具设计应满足预制构件质量、生产工艺、模具组装与拆卸、周转次数等要求。跨度较大的预制构件的模具应根据设计要求预设反拱。模具通常优先采用钢制底模，也可根据具体情况采用其他材料的模具。模具表面光滑，不能有生锈、划痕、氧化层脱落等现象。为了便于组装成多种尺寸形状，模具制作应规格化、标准化、定型化，宜采用螺栓或者销钉连接组装。模具组装完成后尺寸允许偏差应符合表 6-5 要求，净尺寸宜比构件尺寸缩小 1 ~ 2mm。

模具组装尺寸允许偏差（mm）　　　　　　　表 6-5

测定部位		允许偏差	检验方法
边长		±2	钢尺四边测量
对角线误差		3	细线测量两根对角线尺寸，取差值
底模平整度		3	对角用细线固定，钢尺测量细线到底模各点距离的差值，取最大值
侧板高差		2	钢尺两边测量取平均值
扭曲		2	对角线用细线固定，钢尺测量中心点高度差值
翘曲		2	四角同定细线，钢尺测量细线到钢模边距离，取最大值
弯曲		2	四角同定细线，钢尺测量细线到钢模顶距离，取最大值
侧向扭曲	$H \leqslant 300$	1.0	侧模两对角用细线固定，钢尺测量中心点高度
	$H > 300$	2.0	侧模两对角用细线同定，钢尺测量中心点高度

6.3.2　构件脱模

脱模是预制混凝土构件制作的一个关键环节。混凝土在模具中铺敷时，界面多处近乎真空状态，构件混凝土凝固后在大气压力下即产生脱模吸附力。脱模时，构件从模具中分离过程中，除了构件自重外，尚需克服脱模吸附力。常用脱模方式主要为翻转或直接起吊，其中翻转脱模的吸附力通常较小，而起吊脱模则存在较大的吸附力。

影响脱模吸附力的因素主要有脱模方式、模具形式、构件形状、起吊速度和隔离剂等。可通过采取以下措施来减小脱模吸附力：

（1）对于带槽、带肋等有侧模的构件，其侧模宜在脱模前拆除，如图 6-1 所示；而对于薄板，可以采用翻转脱模如图 6-1 所示，或采用气压法、预顶法、振动法等方式使模板和构件表面松脱后再脱模。

（2）模具应清理干净，不应含有锈或混凝土垢等杂物。

（3）选择质量好的隔离剂，保证有效减小混凝土与模板间的吸附力，并应有一定的成膜强度。隔离剂应均匀地涂刷或喷涂在模具上，待隔离剂干燥后方可浇筑混凝土。

（4）当采用直接起吊脱模时，起吊速度应保持均匀且不宜过大。

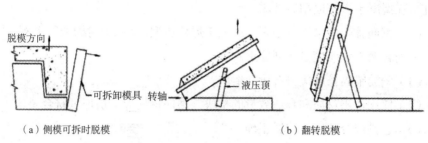

（a）侧模可拆时脱模　　　　　　　　　　　　（b）翻转脱模

图 6-1　脱模示意图

构件蒸汽养护后，蒸养窑内外温差小于20℃时方可进行出窑作业。构件脱模应严格按照顺序拆除模具，不得使用振动方式拆模。预制混凝土管廊构件脱模时应仔细检查确认构件与模具之间的连接部分完全拆除后方可起吊。起吊时，同条件养护试块抗压强度不应低于设计强度的75％。预制混凝土管廊构件应采用专用的吊装工具进行起吊，构件起吊应平稳。

6.4　钢筋骨架

内、外纵筋下料应按设计要求进行配置，尺寸允许偏差不应超过表6-6的规定。

内、外纵筋下料的允许尺寸偏差　　　　　　表 6-6

项目	允许偏差（mm）
受力钢筋沿长度方向全长的净尺寸	±10
弯起钢筋的弯折位置	±20
箍筋内径尺寸	±5

钢筋骨架制作应符合下列规定：

（1）钢筋的品种、等级、规格，纵筋数量、长度，环筋数量、间距、端口加强筋等必须符合设计要求；

（2）钢筋骨架制作应进行试生产，检验合格后方可批量制作；

（3）钢筋骨架制作宜在符合要求的胎膜上进行；

（4）钢筋连接应符合《混凝土结构工程施工质量验收规范》GB 50204 的规定；

（5）当骨架采用绑扎连接时应选用不锈钢丝并绑扎牢固，并采取可靠措施避免扎丝在混凝土浇筑成型后外露；

（6）钢筋骨架应采用自动焊接或人工焊接成型，确保不对构造产生不良影响。

钢筋骨架安装应满足下列要求：

（1）钢筋锚固长度应符合设计要求；

（2）使用适当材质和合适数量的垫块，确保钢筋保护层厚度符合要求；

（3）悬挑部分的钢筋位置正确；

（4）钢筋骨架应有足够的刚度，接点牢固，不松散、下榻、倾斜，无明显的扭曲变形和大小头现象，在骨架运输、装模及成型过程中应保持其整体性。

钢筋骨架整体尺寸要保证准确，钢筋骨架不应有明显的纵向钢筋扭曲或环向钢筋在节点处出现折角的现象。钢筋安装应符合《混凝土结构工程施工质量验收规范》GB 50204 的规定。预制构件钢筋安装尺寸允许偏差应符合表 6-7 的规定。

钢筋安装的允许偏差　　　　　　　　　　　表 6-7

项目		允许偏差（mm）
绑扎钢筋网	长、宽	±10
	网眼尺寸	±20
绑扎钢筋骨架	长	±10
	宽、高	±5
受力钢筋	间距	±10
	排距	±5
	保护层厚度	±10
绑扎箍筋、横向钢筋间距		±20
钢筋弯起点位置		20
预埋件	中心线位置	5
	水平高差	+3,0

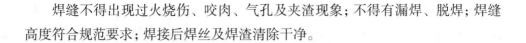

焊缝不得出现过火烧伤、咬肉、气孔及夹渣现象；不得有漏焊、脱焊；焊缝高度符合规范要求；焊接后焊丝及焊渣清除干净。

6.5 混凝土浇筑与养护

预制构件的养护方法有自然养护、蒸汽养护、太阳能养护、热拌混凝土热模养护、远红外线养护等。自然养护成本低，简单易行，但养护时间长，模板周转率低，占用场地大，我国南方地区的台座法生产多采用自然养护方法。而蒸汽养护可缩短养护时间，模板周转率相应提高，占用场地大大减少。预制构件可在固定台模上或在养护窑内进行蒸汽养护，夏季为降低生产成本，构件也可在室外自然养护。

6.5.1 蒸汽养护

蒸汽养护是将构件放置在有饱和蒸汽或蒸汽与空气混合物的养护室（或窑）内，在较高温度和湿度的环境中进行养护，加速硬化混凝土，使之在较短时间内达到规定的强度标准值，以致提高生产效率和预制构件质量。蒸汽养护效果与蒸汽养护制度有关，它包括养护前静置时间、升温和降温速度、养护温度、恒温养护时间、相对湿度等。

蒸汽养护的过程可分为静停、升温、恒温、降温等四个阶段。

（1）静停阶段：混凝土构件成型后在室温下停放养护叫作静停。时间为2 ~ 6h，以防止构件表面产生疏松和裂缝现象。

（2）升温阶段：构件的吸热阶段。升温速度不宜过快，以免构件内部与表面产生的温差过大而出现裂纹。

（3）恒温阶段：升温后温度保持不变的时间。时间为3 ~ 8h，这个阶段应保持90% ~ 100%的相对湿度，最高温度不得大于95℃，此时混凝土强度增长最快。

（4）降温阶段：构件的散热过程。降温速度不宜过快，每小时不得超过10℃；出池后，构件表面与外界温差不得大于20℃。

目前采用蒸汽养护方法有三种，即立窑、隧道窑和坑窑。立窑连续式蒸汽养护的生产工艺同传送带流水法；立窑可连续进行生产，效率高；立窑充分利用了蒸汽的热能，费用低。隧道窑蒸汽养护室分间歇式和连续式两种；它有水平直线形和折线形两类，其中折线形隧道窑是根据蒸汽自动上升原理自然形成升温区、恒温区和降温区的；它具备立窑蒸汽养护室的热工特点，可连续生产，且结构和设备简单，减少一次性投资。坑式蒸汽为间歇式蒸汽养护室，有地下式和半地下式；坑式蒸汽养护是分批进行的，一个养护周期完毕，养护坑再次冷却下来，故蒸汽消耗量大，费用高。

预制混凝土管廊构件蒸汽养护应严格控制升降温速率及最高温度。养护过程中，预养时间不应少于2小时，以2～3h为宜，并采用薄膜覆盖或加湿等措施防止构件干燥；升温速率宜为10～20℃/h，降温速率不宜大于20℃/h；预制混凝土管廊构件蒸汽养护应严格按照养护制度进行养护，梁、柱等较厚预制构件养护最高温度不宜高于40℃，墙板等较薄预制构件或冬期生产预制构件，养护最高温度不宜超过60℃，持续养护时间应不小于4h。构件蒸汽养护后，蒸汽罩内外温差小于20℃时方可进行脱罩作业。当混凝土表面温度和环境温差较大时，应立即覆膜养护。

6.5.2 热拌混凝土热模养护

热拌混凝土热模养护就是利用热拌混凝土浇筑构件，然后向钢模的空腔内通入蒸汽进行养护。热拌混凝土与冷拌混凝土进行常压蒸汽养护比较，养护周期大为缩短，节约蒸汽用量。

采用这种新工艺以后，混凝土构件成型后5小时就能脱模起吊堆放。热拌混凝土热模养护新工艺的优越性主要表现在：

（1）缩短养护时间，加快模板周转。按照一般生产工艺，构件成型后入池（或窑）蒸养需16小时（包括静停、升温、恒温、降温各阶段），模板一天只能周转一次。采用新工艺后，节省了静停和升温时间，只需5小时的热模养护，模板每班就能周转两次，生产效率提高了两倍多。

（2）节约蒸汽用量，节省燃料。按照一般生产工艺，每立方米构件的蒸汽消耗量为500～800kg。采用新工艺后，蒸汽消耗量降低为大约200～300kg。

6.5.3 远红外线养护

远红外线养护工艺技术是近几年才发展起来的一种新的养护技术。该技术利用电流通过红外线辐射器（灯）产生远红外线对混凝土辐射传热，加热空气使之与冷空气对流，并借助于光辐射的穿透能力将热传向模板及混凝土，完成光能与热能的转换，使混凝土的内部温度提高，从而促使混凝土强度较快上升。用红外线热辐射进行混凝土养护有许多优点，其辐射不受风力的影响，不受气温和表面系数的限制，因此几乎没有热损失，具有升温快且易于控制的特点；该技术还可以避免蒸汽养护的复杂设施以及其他电热养护耗用大量电能的缺点，有较好的经济效益。

从理论上看，远红外线养护技术可以较大幅度地促使早期强度迅速的增长，但另一方面看，过快地促使早期强度上升会导致水化物分布不均匀，易造成混凝土强度衰退较快的局面。因此，使用远红外线养护技术时要根据工程特点及条件进行应用。

6.6　预制构件的起吊、堆放与运输

6.6.1　起吊

构件应按施工详图规定的起吊位置进行起吊。起吊时，绳索与构件水平面所成夹角不宜小于 45°。当小于 45° 时，应经过验算或采用吊架起吊。大型构件在起吊时，应设置临时联杆和横撑，以避免构件变形或损伤。当起吊方法与设计要求不同时，应验算构件在起吊过程中所产生的内力能否符合要求。

6.6.2　构件运输与堆放

首先，需要制订预制混凝土管廊构件的运输计划及方案，包括运输时间、堆放场地、次序、运输线路、固定要求、堆放支垫及成品保护措施等内容。此外仍应考虑到形状特殊、超高、超宽的大型预制混凝土管廊构件的运输和堆放，需要采取专门的质量安全保证措施。

其次，预制混凝土管廊构件运输宜选用底平板车，车上设有专用架，且有可靠的稳定措施；当混凝土设计无具体规定时，预制混凝土管廊构件运输时的混凝土强度，不能低于同条件养护的混凝土设计强度等级值的 75%；应根据预制混凝土管廊构件的受力情况来设计确定其支承的位置和方法，否则会引起混凝土的超应力或损伤；预制混凝土管廊构件装运时应连接牢固，避免其移动甚至倾倒，对部品边缘或与链索接触处应采用衬垫加以保护。

叠合式顶板在运输过程中可使用一个或多个支架,应平放在垫木上水平装运，垫木垫放的位置与构件中格构钢筋的方向垂直，每堆构件下至少设置两道垫木，且至少用两道紧绳器与车辆固定。叠合式侧壁构件可选择性地顺向或垂直于行驶

方向摆放，宜采用插放架、靠放架直立堆放；也可水平叠放在垫木上，每堆叠合式侧壁至少用两道紧绳器与车辆固定，且叠放层数不宜大于 5 层。

　　预制混凝土管廊构件堆放时，堆放场地应平整、坚实，并应设有排水措施；堆放构件的支垫应坚实，并应保证最下层构件垫实，预埋吊件向上，标识宜朝向堆垛间的通道；重叠堆放构件时，每层构件间的垫木或垫块应在同一垂直线上；垫木或垫块在构件下的位置应与脱模、吊装时的起吊位置一致；堆垛层数应根据构件与垫木或垫块的承载能力及堆垛的稳定性确定，必要时应设置支架，防止构件倾覆。

第7章 施工安装

7.1 一般规定

（1）装配式综合管廊施工前应编制专项施工方案，在编制方案之前，编制人员应仔细阅读设计单位提供的相关设计资料，正确理解深化设计图纸和设计说明所规定的结构性能和质量要求等相关内容，针对不同预制构件的吊装施工工艺和流程的基本要求进行编制，并应符合国家和地方等相关施工质量验收标准和规范的要求。施工方案应包括下列内容：

1）整体进度计划：结构总体施工进度计划，构件生产计划，构件安装进度计划；

2）预制构件运输方案：车辆型号数量，运输路线，现场装卸方法；

3）施工场地布置：场内通道，吊装设备，吊装方案，构件码放场地等；

4）专项施工方案：构件安装方案，测量方案，节点施工方案，防水施工方案，后浇混凝土养护方案，全过程的成品保护及修补措施等；

5）施工安全：吊装安全措施、专项施工安全措施；

6）质量管理：构件安装的专项施工质量管理；

7）绿色施工与环境保护措施。

（2）装配式综合管廊施工前应按设计要求和施工方案进行必要的施工验算。施工验算应包括以下内容：

1）预制构件运输、码放及吊装过程中按吊装工况进行承载力验算；

2）预制构件安装过程中施工临时荷载作用下构件支架系统和临时固定装置的承载力验算。

（3）预制构件在安装过程中，应符合下列规定：

1）预制构件的混凝土强度应符合设计要求。当设计无具体要求时，混凝土同条件立方体抗压强度不宜小于混凝土强度等级值的 75%；

2）应根据预制构件形状、尺寸及重量要求选择适宜的吊具，在吊装过程中，吊索水平夹角不宜小于 60°，不应小于 45°；尺寸较大或形状复杂的预构件应选择设置分配梁或分配桁架的吊具，并应保证吊车主钩位置、吊具及构件重心在竖直方向重合；

3）装配式综合管廊的施工全过程宜对预制构件及其上的建筑附件、预埋件、预埋吊件等采取施工保护措施，不得出现破损或污染。

（4）装配式结构的后浇混凝土部位在浇筑前应进行隐蔽工程验收。验收项目应包括下列内容：

1）钢筋的牌号、规格、数量、位置、间距等；

2）纵向受力钢筋的连接方式、接头位置、接头数量、接头面积百分率、搭接长度等；

3）纵向受力钢筋的锚固方式及长度；

4）箍筋、横向钢筋的牌号、规格、数量、位置、间距，箍筋弯折的弯折角度及平直段长度；

5）预埋件的规格、数量、位置；

6）混凝土粗糙面的质量，键槽的规格、数量、位置；

7）预留管线、线盒等的规格、数量、位置及固定措施。

（5）吊具选用按起重吊装工程的技术和安全要求执行。为提高施工效率，可以采用多功能专用吊具，以适应不同类型的构件吊装。吊具应符合国家现行相关标准的有关规定。自制、改造、修复和新购置的吊具，应按国家现行相关标准进行设计验算或试验检验。

7.2 安装准备

7.2.1 基本要求

装配式综合管廊施工前宜选择有代表性的单元或构件进行试安装，根据试验结果及时调整完善施工方案，确定单元施工的工艺和工序。为避免由于设计或施工缺乏经验造成工程实施障碍或损失，保证装配式综合管廊结构施工质量，并不断摸索和积累经验，应通过试生产和试安装进行验证性试验。施工前的试安装，对于没有经验的承包商非常必要，不但可以验证设计和施工方案存在的缺陷，还可以培训人员、调试设备、完善方案。另一方面对于没有实践经验的新的结构体系，应在施工前进行典型单元的安装试验，验证并完善方案实施的可行性，这对于体系的定型和推广使用，是十分重要的。

装配式综合管廊安装前应复核构件装配连接构造，包括构造装配位置、节点连接构造及临时支撑方案等。安装施工前应按工序要求检查核对已施工完成结构部分的质量，并在预制构件和已施工完成的结构上测量放线，并应设置安装定位标志；应确认吊装设备及吊具处于安全操作状态；应核实现场环境、道路状况及天气等是否满足吊装施工要求；应合理规划构件运输通道和临时码放场地，设置现场临时存放架，制定成品保护措施。

装配式综合管廊、防水密封材料、张拉和连接材料及配件应按标准规定进行进场检验。装配式综合管廊的混凝土强度、外观、尺寸以及配件的型号、规格、数量等情况进行检验，并应按设计要求及《混凝土结构工程施工质量验收规范》GB 50204 的有关规定进行结构性能检验。

装配式综合管廊安装时，预应力钢材张拉设备及油压表应定期维护和标定。张拉设备和油压表应配套标定和使用，标定期限满足现行国家标准《混凝土结构工程施工规范》GB 50666 的要求，当使用过程中出现反常现象或张拉设备检修后，应重新标定。

装配式综合管廊采用预应力工艺部分，在预制构件安装施工前，依据装配式综合管廊的规格、重量、预应力钢材的规格，确定的预应力钢材的张拉值，选择张拉设备，根据张拉设备标定的结果确定油泵压力表读数。

装配式结构安装现场应根据工期要求以及工程量、机械设备等现场条件，组织立体交叉、均衡有效的安装施工流水作业。预制构件应按设计文件、专项施工方案要求的顺序进行安装与连接。预制构件吊装施工流程主要包括构件起吊、就位、调整、脱钩等主要环节，通常在楼面混凝土浇筑完成后开始准备工作。准备工作有测量放样、临时支撑就位、斜撑连接件安放、止水胶条粘贴等。为确保吊装施工顺利和有序高效地实施，预制构件吊装前应做好以下几个方面的准备工作：

1. 预制构件堆放区域

构件的堆放位置的确定原则如下：

（1）构件堆放位置相对于吊装位置正确，避免后续的构件移位；

（2）在轮胎吊或塔吊吊装半径内；

（3）不影响轮胎吊或其他运输车辆的通行。

2. 预制构件的确认

确认目前吊装所用的预制构件是否按计划要求进场、验收、堆放位置和吊车吊装动线是否正确合理。

3.机械器具的检查

机械器具的检查应包括下列内容：

（1）对主要吊装用机械器具，检查确认其必要数量及安全性；

（2）构件吊起用器材、吊具等；

（3）吊装用斜向支撑和支撑架准备；

（4）临时连接铁件准备；

（5）焊接器具及焊接用器材。

4.吊装构件吊装顺序

不同的预制构件其吊装顺序各不相同，同一种构件中也存在不同的吊装顺序。因此，吊装前应详细规划构件的吊装顺序，防止构件钢筋错位。对于吊装顺序可依据深化设计图纸吊装施工顺序图执行。

5.从业人员资格及施工指挥人员的确认

从业人员和施工指挥人员的确认应包括下列内容：

（1）在进行吊装施工之前，要确认吊装从业人员资格以及施工指挥人员；

（2）现场办公室要备齐指挥人员的资格证书复印件和吊装人员名单，并制成一览表贴在会议室等地方。

6.指示信号的确认

吊装应设置专门的信号指挥者确认信号指示方法，确保吊装施工的顺利进行。

7.预制构件吊点、吊具及吊装设备

预制构件吊点、吊具及吊装设备应符合下列规定：

（1）预制构件起吊时的吊点合力应与构件重心一致，可采用可调式平衡横梁进行起吊和就位；

（2）预制构件吊装宜采用标准吊具，吊具可采用预埋吊环或内置式连接钢套筒的形式；

（3）吊装设备应在安全操作状态下进行吊装。

8.吊装施工前的确认

吊装施工前的确认应包括下列内容：

（1）管廊总长、横向和纵向的尺寸及标高；

（2）结合用钢筋以及结合用铁件的位置及高度；

（3）吊装精度测量用的基准线位置。

9. 预制构件吊装

预制构件吊装应符合下列规定：

（1）预制构件的混凝土强度应符合设计要求。当设计无具体要求时，混凝土同条件立方体抗压强度不宜小于混凝土强度等级值的 75%；

（2）预制构件应按施工方案的要求吊装，起吊时绳索与构件水平面的夹角不宜小于 60°，且不应小于 45°；

（3）预制构件吊装应采用慢起、快升、缓放的操作方式。预制墙板就位宜采用由上而下插入式吊装形式；

（4）预制构件吊装时，构件上应设置缆风绳，保证构件就位平稳；

（5）预制构件吊装过程不宜偏斜和摇摆，严禁吊装构件长时间悬挂在空中。

10. 预制构件吊装临时固定措施

预制构件安装就位后应及时采取临时固定措施。预制构件与吊具的分离应在校准定位及临时固定措施安装完成后进行。临时固定措施的拆除应在装配式结构能达到后续施工要求的承载力、刚度及稳定性要求后进行。

采用临时支撑时，应符合下列规定：

（1）每个预制构件的临时支撑不宜少于两道；

（2）对预制墙板的斜撑，其支撑点距离板底的距离不宜小于板高的 2/3，且不应小于板高的 1/2；

（3）构件安装就位后，可通过临时支撑对构件的位置和垂直度进行微调；

（4）临时支撑顶部标高应符合设计规定，尚应考虑支撑系统自身在施工荷载作用下的变形。

7.2.2　起重设备和专用吊具的选型

起重设备的选型应充分考虑施工现场的用地条件和装配式综合管廊布局等因素。装配式综合管廊施工时需选用的起重设备包括汽车轮胎吊和塔吊等。汽车轮胎吊主要用于预制构件进场验收合格后的卸货以及场内的驳运等，对于装配式综合管廊而言，汽车轮胎吊尚可用于预制构件的吊装施工；塔吊专门用于工程施工时材料的垂直运输等的使用。

构件起吊时必备的专用吊具和钢丝绳等的强度和形状应事先进行规划和合理的选择。钢丝绳种类的选择应根据预制构件的大小、重量以及起吊角度等参数来确定其长度和直径，并严格按照有关规范和标准进行使用和日常管理。

1. 汽车轮胎吊的规划

（1）所需站立空间

汽车轮胎吊伸开支撑脚时应具有足够的站立空间，并保证地面具有足够的承载力和平整度，以确保汽车轮胎吊起吊时受力均衡和起重设备的稳定性。图 7-1 给出了 400t 汽车轮胎吊在伸展开支撑脚所需站立空间的示例。

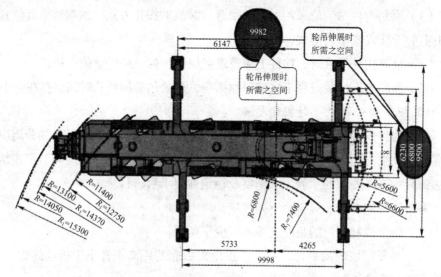

图 7-1　400t 的汽车轮胎吊在伸展开支撑脚时所需站立空间示例

（2）吊车专用道路

汽车轮胎吊专用道路的设计除了应考虑吊车的自重、预制构件等的荷载以及其偏心作用外，仍应考虑起吊受自然条件等因素的动力附加荷载的影响。在施工过程中，由于装载构件的运输车辆频繁地使用起重设备专用通道，所以施工管理方应采取必要的技术措施以防止专用道路出现车辙和坑槽，保证吊车专用道路具有高平整度且无坡度的要求。此外，还需要采取措施保证道路结构的排水通畅，防止由于雨水浸泡导致地基承载力降低乃至局部发生塌陷。

（3）建筑物高度

预制构件吊装施工时应考虑周边建筑物的影响，防止吊车碰到建筑物而无法吊装到指定位置。在做吊车规划时应考虑周边建筑物高度（图 7-2）。

（4）旋转碰撞

吊车的回转半径内必须考虑一定间距的净空，不能有影响其旋转的建筑物。

（5）最小吊装半径

吊车除了对最大吊装半径的规定以外，对最小吊装半径也有限制。因此在吊装设备规划时需要注意最小吊装半径的要求，在最小吊装半径范围内的预制构件将无法吊装（图 7-3）。

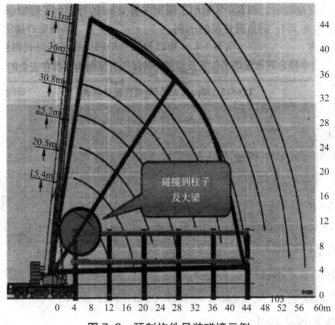

图 7-2　预制构件吊装碰撞示例

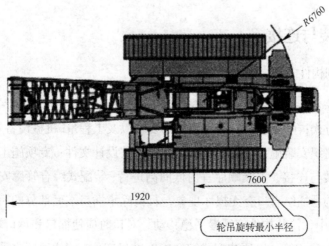

图 7-3　汽车吊旋转最小半径

2. 塔吊的规划

（1）塔吊选型

根据工程的现场特点，结合塔吊各方面性能和现场施工场地等实际情况对塔吊进行选型。

（2）塔吊的负荷性能

根据预制构件的重量和起吊伸转半径，分析塔吊负荷性能在最大吊装半径或最小吊装半径内是否能够安全起吊。表 7-1 给出了采用主臂 30m 的外置水平臂架小车变幅塔吊型号 TC6515（30m-5.95t）的负荷性能的示例。

（3）塔吊布置

根据塔吊吊装半径合理布置塔吊位置及数量，确保所有预制构件都在安全的吊装范围之内。

（4）塔吊基础设计参数

塔吊的基础设计参数包括：承台基础、承台混凝土等级、钢筋保护层厚度、钢筋采用等级。塔吊承台面标高所选塔吊的基本参数信息。塔吊的荷载信息包括：独立基础在自由高度（吊装高度）时需满足荷载设计值,垂直荷载和倾覆力矩等。

（5）塔吊基础验算

基础最小尺寸计算、塔吊基础承载力计算、地基基础承载力验算、受冲切承载力验算、承台配筋计算、该部分的设计可采用 PKPMCMIS 软件进行验算。

3. 主要吊装作业器具

主要预制构件吊装所需要的作业器具如表 7-2 所示。

7.3 安装与连接

7.3.1 预制构件安装

装配式综合管廊的固定施工应根据现场实际状况，选择经济环保且确实安全的安装施工方式;在安装现场,应根据工期要求以及工程量、机械设备等现场条件,均衡有效地组织安装施工。装配式综合管廊应按设计文件、专项施工方案要求的顺序进行安装与连接，安装顺序宜由低向高进行；装配式综合管廊安装时, 应逐个检查管廊的承插结合口有无损坏现象，且清除承插口端面部分的污物及其他杂物;安装过程中，待装构件应缓慢平稳移动，对口时应使插口和承口端保持平行，使各部间隙大致相等，以便装配式综合管廊准确就位；就位后，应采用专用量具

表 7-1

TC6515（30m-5.95t）负荷性能示例表

R(m)	Max Capacity m/t	12.5	15.0	17.5	20.0	22.5	25.0	27.5	30.0	32.5	35.0	37.5	40.0	42.5	45.0	47.5	50.0	52.5	55.0	57.5	60.0	62.5	65.0
65m (R=66.75)	2.5~23.7m 6t	6.00	6.00	6.00	6.00	6.00	5.64	5.02	4.50	4.07	3.70	3.38	3.10	2.85	2.63	2.44	2.26	2.11	1.96	1.83	1.71	1.60	1.50
	2.5~13.1m 12t	12.00	10.25	8.49	7.23	6.26	5.49	4.87	4.35	3.92	3.55	3.23	2.95	2.70	2.48	2.29	2.11	1.96	1.81	1.68	1.56	1.45	1.35
60m (R=61.75)	2.5~24.5m 6t	6.00	6.00	6.00	6.00	6.00	5.86	5.22	4.68	4.23	3.85	3.52	3.23	2.98	2.75	2.55	2.37	2.21	2.06	1.92	1.80		
	2.5~13.5m 12t	12.00	10.57	8.81	7.5	6.5	5.71	5.07	4.53	4.08	3.7	3.37	3.08	2.83	2.6	2.4	2.22	2.06	1.91	1.77	1.65		
55m (R=56.75)	2.5~25.6m 6t	6.00	6.00	6.00	6.00	6.00	6.00	5.50	4.95	4.48	4.08	3.73	3.43	3.16	2.93	2.71	2.53	2.35	2.20				
	2.5~14.0m 12t	12.00	11.11	9.27	7.90	6.86	6.03	5.35	4.80	4.33	3.93	3.58	3.28	3.01	2.78	2.56	2.38	2.20	2.05				
50m (R=51.75)	2.5~27.2m 6t	6.00	6.00	6.00	6.00	6.00	6.00	5.92	5.32	4.82	4.40	4.03	3.71	3.43	3.17	2.95	2.75						
	2.5~14.8m 12t	12.00	11.89	9.93	8.48	7.37	6.49	5.77	5.17	4.67	4.25	3.88	3.56	3.28	3.02	2.80	2.60						
45m (R=46.75)	2.5~28.6m 6t	6.00	6.00	6.00	6.00	6.00	6.00	6.00	5.67	5.14	4.69	4.30	3.96	3.66	3.40								
	2.5~15.6m 12t	12.00	12.00	10.53	9.00	7.83	6.90	6.14	5.52	4.99	4.54	4.15	3.81	3.51	3.25								
40m (R=41.75)	2.5~29.1m 6t	6.00	6.00	6.00	6.00	6.00	6.00	6.00	5.78	5.25	4.79	4.39	4.05										
	2.5~15.9m 12t	12.00	12.00	10.73	9.18	7.99	7.04	6.27	5.63	5.10	4.64	4.24	3.90										
35m (R=36.75)	2.5~29.3m 6t	6.00	6.00	6.00	6.00	6.00	6.00	6.00	5.85	5.31	4.85												
	2.5~16.0m 12t	12.00	12.00	10.86	9.29	8.08	7.12	6.35	5.70	5.16	4.70												
30m (R=31.75)	2.5~29.8m 6t	6.00	6.00	6.00	6.00	6.00	6.00	6.00	5.95														
	2.5~16.2m 12t	12.00	12.00	11.02	9.43	8.21	7.24	6.45	5.80														

主要吊装作业器具一览表   表 7-2

序号	名称	图例	用途
1	吊车（塔吊）		吊装预制构件，具体吨位根据规划
2	吊索		吊装预制构件
3	吊具		吊装构件时吊具
4	无收缩水泥搅拌机		无收缩水泥搅拌
5	无收缩水泥灌浆机		无收缩水泥灌浆

续表

序号	名称	图例	用途
6	手拉葫芦		吊装预制构件
7	手扳葫芦		调整预制构件位置
8	千斤顶		调整预制构件位置

对其进行测量找正，并达到预应力钢材张拉条件。

预应力管道灌浆料施工应符合下列规定：

（1）灌浆施工应符合《混凝土结构工程施工规范》GB 50666 和《混凝土结构工程施工质量验收规范》GB 50204 的规定；

（2）装配式综合管廊节段张拉完毕并经检查合格后，应及时进行孔道灌浆，孔道内水泥浆应饱满、密实；

（3）灌浆料用水泥浆的性能应符合下列规定：

1）采用普通灌浆工艺时稠度宜控制在 12 ~ 20s，采用真空灌浆工艺时稠度宜控制在 18 ~ 25s；

2）自由泌水率宜为 0，且不应大于 1%，泌水应在 24h 内全部被水泥浆吸收；

3）边长为 70.7mm 的立方体水泥浆试块 28d 标准养护的抗压强度不应低于 40MPa；

4）水胶比不应大于 0.45；

5）自由膨胀率不应大于 10%。

预制构件吊运时的荷载组合的效应标准值按下列规定取用。吊运时按式（7-1）计算：

$$S = \beta G_{k} \qquad (7-1)$$

式中：S——荷载组合的效应标准值；

G_{k}——预制构件自重荷载标准值；

β——动力系数。

预制构件的吊装强度验算应符合下列规定：

（1）正截面边缘的混凝土法向压应力标准值，应满足式（7-2）的要求：

$$\sigma_{cc} \leqslant 0.8 f'_{ck} \qquad (7-2)$$

式中：σ_{cc}——吊装环节在荷载标准组合作用下产生的构件正截面边缘混凝土法向压应力（MPa），可按毛截面计算；

f'_{ck}——与吊装环节的混凝土立方体抗压强度相应的抗压强度标准值（MPa），按《混凝土结构设计规范》GB 50010（表 4.1.3）以线性内插法确定。

（2）正截面边缘的混凝土法向拉应力标准值，宜满足式（7-3）的要求：

$$\sigma_{cc} \leqslant 0.8 f'_{ck} \qquad (7-3)$$

式中：σ_{cc}——吊装环节在荷载标准组合作用下产生的构件正截面边缘混凝土法向拉应力（MPa），可按毛截面计算；

f'_{ck}——与吊装环节的混凝土立方体抗压强度相应的抗拉强度标准值（MPa），按国家标准《混凝土结构设计规范》GB50010（表 4.1.3）以线性内插法确定。

（3）对吊装过程中允许出现裂缝的钢筋混凝土构件开裂截面处受拉钢筋的应力标准值应满足式（7-4）的要求：

$$\sigma_{s} \leqslant 0.7 f'_{yk} \qquad (7-4)$$

式中：σ_s——吊装环节在荷载标准组合作用下的受拉钢筋应力，应按开裂截面计算（MPa）；

　　　f'_{yk}——受拉钢筋强度标准值（MPa）。

预制构件吊装应注意以下事项：

（1）构件吊装应采用慢起、快升、缓放的操作方式，保证构件平稳放置；

（2）应设专人指挥，操作人员应位于安全可靠位置，不应有人员随预制构件一同起吊；

（3）构件吊装就位，可采用先粗略安装，再精细调整的作业方式；

（4）预制构件吊装就位后，应及时校准并采取临时固定措施；

（5）构件吊装时，起吊、回转、就位与调整各阶段应有可靠的操作与防护措施，以防构件发生碰撞扭转与变形。

（6）当遇到雷雨天、能见度小于吊装最大高度或100m、吊装最大高度处于五级以上大风天等恶劣天气时应停止吊装作业。

7.3.2　预制构件连接

装配式综合管廊的纵向连接应做好质量检查和防护措施。装配整体式综合管廊纵向连接的方式应保证在装配式综合管廊全寿命过程中接口密封的可靠性。装配整体式综合管廊连接主要有预应力钢束连接和高强螺栓连接两种。

采用预应力钢束连接的装配式综合管廊，钢束张拉前应清理连接面并在预留槽内粘贴密封胶条，检查张拉所用的器材，确认预应力件和固定工具的完好性，清理张拉槽并检查有无异物，并确认固定工具是否牢靠。预应力钢材应符合《预应力混凝土用钢绞线》GB/T 5224 和《预应力混凝土用螺纹钢筋》GB/T 20065 的有关规定；装配式综合管廊采用高强螺栓连接时，螺栓的材质、规格、拧紧力矩应符合设计要求及《钢结构设计规范》GB 50017 和《钢结构工程施工质量验收规范》GB 50205 的有关规定。

采用钢筋套筒灌浆连接、钢筋浆锚搭接连接的预制构件就位前，应检查套筒、预留孔的规格、位置、数量和深度，当套筒、预留孔内有杂物时，应清理干净；检查连接钢筋的规格、数量、位置和长度，当连接钢筋倾斜时，应进行校直，连接钢筋偏离套筒或孔洞中心线不宜超过 5mm。

钢筋套筒灌浆连接、钢筋浆锚搭接连接的灌浆应符合节点连接施工方案的要求，并应符合下列规定：

（1）灌浆施工时，环境温度不应低于 5℃；当连接部位养护温度低于 10℃时，应采取加热保温措施；

（2）灌浆操作全过程应有专职检验人员负责旁站监督并及时形成施工质量检查记录；

（3）应按产品要求计量灌浆料和水的用量并搅拌均匀，每次拌制的灌浆料拌合物应进行流动度的检测，且其流动度应满足本规程的规定；

（4）灌浆作业应采取压浆法从下口灌注，当浆料从上口流出后应及时封堵；

（5）灌浆料拌合物应在制备后 30min 内用完。

构件在拆分时应充分考虑钢筋的连接方式，其钢筋连接应符合下列要求：

（1）钢筋机械连接的施工应符合《钢筋机械连接技术规程》JGJ 107 的有关规定；

（2）焊接或螺栓连接的施工应符合《钢筋焊接及验收规程》JGJ 18、《钢结构焊接规范》GB 50661、《钢结构工程施工规范》GB 50755、《钢结构工程施工质量验收规范》GB 50205 的有关规定；

（3）当采用对接焊接连接时应采取防止因连续施焊引起的连接部位混凝土开裂的措施。

装配式综合管廊接缝处必须采用能确保水密性且耐久性好的密封材料；拼装工程接头采用的遇水膨胀橡胶密封垫、弹性橡胶密封垫等止水材料的技术性能，应符合《城市综合管廊工程技术规范》GB 50838 的有关规定。

7.4 装配式钢结构综合管廊施工

7.4.1 装配式钢结构综合管廊施工工艺

钢结构施工艺程序见图 7-4 工序流程图。

7.4.2 钢结构管廊吊装注意事项

（1）吊装前，应对构件的质量进行复检，对超标变形和缺陷做有效的处理。

（2）对扩大拼装单元吊装的结构件，拼装工作必须在吊装前完成并经检验合格。

（3）对易产生变形的构件做好加固技术措施。

（4）对吊机的站位、吊件布位应作合理安排，并对机具完好性、安全性作必

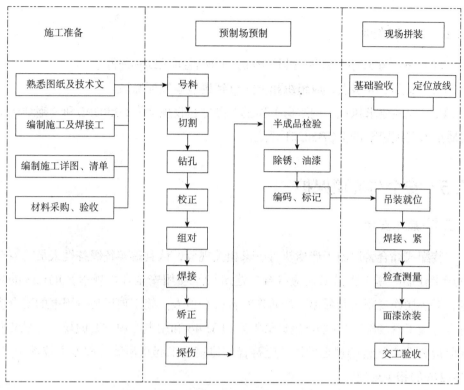

图 7-4　装配式钢结构综合管廊工序流程图

须要的查验认定。

（5）对大型构件或拼装成块体的结构件，其吊点应作计算确定。

（6）对吊装作业顺序、步骤、方法应向作业人员进行交底，并排出吊装计划。

7.4.3　吊装

（1）门字架吊装就位后，须及时校正固定，方可允许吊装桁架梁。

（2）吊装按独立单元进行，独立单元安装后应成刚性单元。

（3）柱的定位轴线应以地面控制轴线为基准。

（4）要求顶紧的节点，紧贴面积一般不少于接触面的 70%。

（5）钢结构的总高、层高按图样规定进行有效控制。

（6）采用安装螺栓的结点，须在螺栓固定后，再按要求进行焊接。

（7）采用高强度螺栓连接的结点，按图样技术要求和《钢结构工程施工质量验收规范》GB 50205 要求实施。

7.4.4 安装检验

（1）钢结构安装检验应在结构形成空间刚性单元以后进行。

（2）设置的共检点，应组织相关人员到场检验签证确认。

（3）检验要求执行《钢结构工程施工质量验收规范》GB50205 和《钢结构工程质量检验评定标准》GB50221 规定。

7.5 安全与环境保护

7.5.1 施工安全

装配式综合管廊施工严格执行国家相关规范，认真落实各级各类人员的安全生产责任制。施工机械操作应符合《建筑机械使用安全技术规程》JGJ 33 的规定，应按操作规程进行使用，严防伤及自己和他人。施工现场临时用电的安全应符合《施工现场临时用电安全技术规范》JGJ 46 和用电专项方案的规定。吊装施工除应符合本规程的规定外，尚应符合《建筑施工起重吊装工程安全技术规范》JGJ 276 的相关规定。

施工单位应对从事预制构件吊装作业及相关人员进行安全培训与交底，明确预制构件进场、卸车、存放、吊装、就位各环节的作业风险，并制订防止危险情况的处理措施；作业人员应穿防滑鞋、戴安全帽，高处作业应佩挂安全带，并应严格遵守高挂低用。高空作业的各项安全检查不合格时，严禁高空作业；供高处作业使用的工具和零配件等，应采取防坠落措施，严禁上下抛掷。

预制构件卸车时，应按照规定的装卸顺序进行，确保车辆平衡，避免由于卸车顺序不合理导致车辆倾覆；预制构件卸车后，应将构件按编号或按使用顺序，合理有序存放于构件存放场地，并应设置临时固定措施或采用专用插放支架存放，避免构件失稳造成构件倾覆。

安装作业开始前，应对安装作业区做出明显的标识，划定危险区域，挂设明显安全标识，并将吊装作业区封闭，设专人加强安全警戒，严禁与安装作业无关的人员进入危险区；吊机吊装区域内，非作业人员严禁进入。吊运预制构件时，构件下方严禁站人，应待预制构件降落至地面 1m 以内方准作业人员靠近，就位固定后方可脱钩；预制构件在安装和调校期间，严禁拆除钢丝绳，当预制构件临时固定安装后，方可脱钩。

吊装前必须检查预制构件吊装作业所用的吊具、钢梁、葫芦、钢丝绳等用品的性能是否完好，如有出现变形或者损害等使用风险，必须及时更换；在吊装过程中，也要随时检查吊钩和钢丝绳的质量，当吊点螺栓出现变形或者钢丝绳出现毛刺，必须将其及时更换；安装吊具过程中，严禁拆除预制构件与存放架的安全固定装置，待起吊时方可将其拆除，避免构件由于自身重力或振动引起的构件倾斜和翻转。

构件应采用垂直吊运，严禁采用斜拉、斜吊。额定起重量是以吊钩与重物垂直情况下核定的。斜拉、斜吊其作用力在一侧，破坏了起重设备的稳定性，容易引起倾覆事故。

在吊装回转、俯仰吊臂、起落吊钩等动作前，应鸣声示意。一次宜进行一个动作，待前一动作结束后，再进行下一动作；吊起的构件不得长时间悬在空中，应采取措施将重物降落到安全位置；吊运过程应平稳，不应有大幅摆动，不应突然制动。回转未停稳前，不得做反向操作；起重设备及其配合作业的相关机具设备在工作时，必须指定专人指挥。对混凝土构件进行移动、吊升、停止、安装时的全过程应用远程通信设备进行指挥，信号不明不得起动。

采用抬吊时，应进行合理的负荷分配，构件重量不得超过两机额定起重量总和的 75%，单机载荷不得超过额定起重量的 80%。两机应协调起吊和就位，起吊的速度应平稳缓慢。双机抬吊是特殊的起重吊装作业，要慎重对待，关键是做到载荷的合理分配和双机动作的同步。因此，需要统一指挥。

预制构件吊装施工作业，不得在恶劣气候条件下进行，恶劣天气能使露天作业的设备部件受损，所以需要经过试吊无误后再使用，保证施工安全。

7.5.2　环境保护

装配式综合管廊施工过程，根据环境管理体系职业安全与卫生管理体系，明确环境管理目标，监理环境管理体系，严防各类污染源的排放；预制构件吊装施工期间，应严格控制噪声，并遵守《建筑施工场界环境噪声排放标准》GB 12523 的规定。

在施工现场应加强对废水、污水的管理，现场应设置污水池和排水沟。废水应统一处理，严禁未经处理而直接排入市政管网中；施工现场各类预制构件应分类堆放、码放整齐并悬挂标识牌，严禁乱堆乱放，不得占用临时道路和施工便道，并做好防护隔离；施工现场要设置废弃物临时置放点，并指定专人管理，专人管理负责废弃物的分类、放置及管理工作，废弃物清运应符合有关规定；预制构件运输过程中，应保持车辆整洁，防止对场内道路的污染，并减少扬尘；预制构件施工中产生的胶粘剂、稀释剂等易燃、易爆化学制品的废弃物应及时收集送至指定储存器内并按规定回收，严禁丢弃未经处理的废弃物。

第8章 工程验收

8.1 施工质量控制概述

8.1.1 质量控制概述

为达到质量要求所采取的作业技术和活动称为质量控制。在《质量管理体系基础和术语》GB/T 19000 的内容中，质量控制的定义是："质量控制是管理的一部分，致力于满足质量要求。"

质量控制的目的就是通过对影响产品质量形成过程各环节的因素的控制，确保产品的质量能满足顾客、法律法规等方面所提出的质量要求（如适用性、可靠性、安全性）。质量控制的范围涉及产品质量形成全过程的各个环节，如设计过程、采购过程、生产过程、安装过程等。围绕各个环节，对影响工作质量的人、机、料、法、环五大因素进行控制，并对质量活动的成果进行分阶段验证，以便及时发现问题，采取相应措施，防止不合格产品重复发生，尽可能地减少损失。因此，质量控制应贯彻预防为主与检验把关相结合的原则。必须对干什么、为何干、怎么干、谁来干、何时干、何地干作出规定，并对实际质量活动进行监控。质量控制的工作内容包括专业技术和管理技术两个方面。

8.1.2 质量控制的原则

1. 坚持质量第一

工程质量是建筑产品使用价值的集中体现，用户最关心的就是工程质量的优劣。在项目施工中必须树立"百年大计，质量第一"的思想。

2. 坚持以人为核心

人是质量的创造者，质量控制必须"以人为核心"，把人作为质量控制的动力，发挥人的积极性和创造性。

3. 坚持以预防为主

以预防为主的思想，是指事先分析影响产品质量的各种因素，找出主导因素，采取相关措施加以重点控制，使质量问题消灭在发生之前或萌芽状态，做到防患于未然。

过去通过对成品或竣工工程进行质量检查，才能对工程的合格与否做出鉴定，这属于事后把关，无法预防质量事故的产生。在施工的全过程中，提倡将严格把关和积极预防相结合，并以预防为主为方针，才能使工程质量处于控制之中。

4. 以合同为依据，坚持质量标准的原则

质量标准是评价工程质量的尺度，数据是质量控制的基础。工程质量是否符合质量要求，必须通过严格检查，以数据为依据。

5. 坚持全面控制

（1）全过程的质量控制。全过程指的就是工程质量产生、形成和实现的过程。建筑安装工程质量，是勘察设计质量、原材料与成品半成品质量、施工质量、使用维护质量的综合反映。质量控制不能仅限于施工过程，还必须贯穿于从勘察设计直到使用维护的全过程，要把所有影响工程质量的环节和因素控制起来，这样才能保证和提高工程质量。

（2）全员的质量控制。工程质量是项目各方面、各环节、各部门工作质量的集中反映。提高工程项目质量依赖于相关部门全体员工的共同努力。所以，质量控制必须把项目所有人员的积极性和创造性充分调动起来，做到人人关心质量控制，人人做好质量控制工作。

8.1.3 质量控制的措施

对施工项目而言，质量控制就是为了确保合同、规范达到所规定的质量标准，所采取的一系列检测、监控的措施、手段和方法。施工项目质量控制的主要对策措施如下：

1. 确保人的工作质量

工程质量是人所创造的，这里的人指的是参与工程建设的指挥者、组织者和操作者。人的政治思想素质、责任感、事业心、质量观、技术水平等均直接影响工程质量。据统计资料表明，88%的质量安全事故都是由于人的失误所造成的。为此，我们对工程质量的控制始终坚持"以人为本"的理念，狠抓人的工作质量，避免人的失误；充分调动人的积极性，发挥人的主导作用，增强人的责任感，提高人的质量观意识，使每个人牢牢树立"百年大计，质量第一"的思想，认真负责地搞好本职工作，以优秀的工作质量来创造优质的工程质量。

2. 严格控制投入品的质量

任何一项工程施工，均需投入大量的各种原材料、成品、半成品、构配件和机械设备，要采用不同的施工工艺和施工方法，这是构成工程质量的基础。严格控制投入品的质量，是确保工程质量符合标准的前提。因此，对投入品的订货、采购、检查、验收、取样、试验各过程均应进行全面控制，从组织货源，优选供货厂家，直到使用认证，应该做到层层把关；对施工过程中所采用的施工方案要进行充分论证，要做到工艺先进、技术合理、环境协调，这样才有利于安全文明施工，从而提高工程质量。

3. 全面控制施工过程，重点控制工序质量

任何一个工程项目都是由若干分项、分部工程所组成的，要确保整个工程项目的质量，必须全面控制施工过程，使每一个分项、分部工程都符合质量标准。由此可见，工程质量是在一道道工序中所创造的，因此，要确保工程质量就必须重点控制工序质量，对每一道工序质量都必须进行严格检查，当上一道工序质量不符合要求时，决不允许进入下一道工序施工。只有每一道工序质量都符合要求，整个工程项目的质量才能得到保证。

4. 严格进行分项工程质量检验评定

分项工程质量等级是分部工程、单位工程质量等级评定的基础。分项工程质量等级评定正确与否，直接影响分部工程和单位工程质量等级评定的真实性和可靠性。为此，在进行分项工程质量检验评定时，一定要坚持质量标准，严格检查，以数据为准，避免出现第一、第二判断错误。

5. 贯彻"以预防为主"的方针

现代化管理，就是要"以预防为主"，防患于未然，把质量问题消灭于萌芽之中。预防为主是要加强对影响质量因素和投入品质量的控制；是要从对质量的事后检查把关，转向对质量的事前控制、事中控制；从对产品质量的检查，转向对工作质量、工序质量以及中间产品的质量检查。这些是确保施工项目质量的有效措施。

6. 杜绝系统性因素的质量变异

如果产生使用材料不合格、违反操作规程、混凝土无法达到设计强度等级、机械设备发生故障等系统性因素，均必然会造成不合格产品或工程质量事故。系统性因素的特点是易于识别、易于消除，是可以避免的。增强质量观念，提高工作质量，精心施工，完全可以预防系统性因素引起的质量变异。为此，我们要把

质量变异控制在偶然性因素引起的范围内，要严防或杜绝由系统性因素引起的质量变异，以免造成工程质量事故。

8.1.4 施工项目质量因素的控制

影响施工项目质量的因素主要有五个方面：人、材料、机械、方法和环境。对这五个方面的因素严加控制，是保证施工项目质量的关键，见图 8-1。

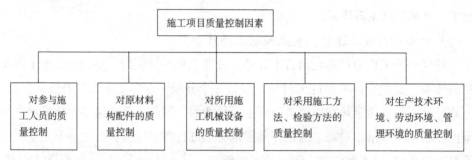

图 8-1　质量因素的控制

1. 对参与施工人员的质量控制

参与施工人员是指直接参与施工的决策者、组织者、指挥者和操作者。人作为控制的对象和动力，要避免产生失误，并且需要充分调动人的积极性，发挥人的主导作用。因此，除了加强政治思想教育、劳动纪律教育等相关教育以及一系列专业技术培训以外，还需根据工程特点，从确保质量出发，在人的技术水平、人的生理缺陷、人的心理行为、人的错误行为等方面来控制人的使用。

此外，应严禁无技术资质的人员上岗操作。对不懂装懂、图省事、碰运气、有意违章等恶劣行为，必须及时制止。总之，在使用人的问题上，应从政治素质、思想素质、业务素质和身体素质等方面综合考虑，全面进行控制。

2. 对原材料构配件的质量控制

对原材料、成品、半成品、构配件等材料的质量控制，主要是严格检查验收，正确合理地使用，建立管理台账，进行收、发、储、运等各环节的技术管理，避免混料及将不合格的原材料使用到工程上。

3. 对所用施工机械设备的质量控制

对施工机械设备、工具等控制，要根据不同工艺的特点和技术要求，选用合适的机械设备，正确使用、管理和保养机械设备。因此要健全人机固定制度、岗位责任制度、操作证制度、机械设备检查制度、安全使用制度、交接班制度、技术保养制度等，确保机械设备处于最佳使用状态。

4. 对采用施工方法、检验方法的质量控制

对施工方案、施工工艺、施工组织设计、施工技术措施等的质量控制，主要应切合工程实际、能解决施工难题、技术可行、经济合理，有利于保证质量、加快进度、降低成本。

5. 对环境的质量控制

影响工程质量的环境因素有很多，有工程管理环境，如质量保证体系、质量管理制度等；工程技术环境，如工程地质、水文、气象等；劳动环境，如劳动组合、作业场所、工作面等。环境因素对工程质量的影响，具有复杂而多变的特点，温度、湿度、大风、暴雨、酷暑、严寒都直接影响工程质量。又如前一工序往往就是后一工序的环境，前一分项、分部工程也就是后一分项、分部工程的环境。因此，根据工程特点和具体条件，应采取有效的措施严加控制。应对影响质量的环境因素，尤其是施工现场，应建立文明施工和文明生产的环境，保持材料、工件堆放有序，道路畅通，工作场所清洁整齐，施工程序井井有条，为确保质量、安全创造良好条件。

8.1.5　质量控制的方法

施工项目质量控制的方法如下：

1. 审核有关技术文件、报告或报表

对技术文件、报告、报表的审核，是项目经理对工程质量进行全面控制的重要手段，其具体内容有：

（1）审核有关技术资质证明文件；

（2）审核有关材料、半成品的质量检验报告；

（3）审核施工方案、施工组织设计和技术措施；

（4）审核开工报告，并经现场核实；

（5）审核反映工序质量动态的统计资料或控制图表；

（6）审核设计变更、修改图纸和技术核定书；

（7）审核有关工序交接检查，分项、分部工程质量检查报告；

（8）审核有关质量问题的处理报告；

（9）审核并签署现场有关技术签证、文件等；

（10）审核有关应用新工艺、新材料、新技术、新结构的技术鉴定书。

2.现场质量检查

（1）现场质量检查包括的内容有很多。首先要进行开工前检查，目的是检查是否具备开工条件，开工后能否连续正常施工，能否保证工程质量；其次是工序交接检查，对于重要的工序或对工程质量有重大影响的工序，在自检、互检的基础上，还要组织专职人员进行工序交接检查；还要进行隐蔽工程检查，凡是隐蔽工程均应检查认证后方能掩盖；之后是停工后、复工前的检查，因处理质量问题或某种原因停工后需复工时，亦应经检查认可后方能复工；分项、分部工程完工后，应经检查认可，签署验收记录后，才允许进行下一工程项目施工；最后是成品保护检查，检查成品有无保护措施，或保护措施是否可靠。此外，还应经常深入现场，对施工操作质量进行巡视检查；必要时，还应进行跟班或追踪检查。

（2）现场质量检查的方法：

现场进行质量检查的方法有目测法、实测法和试验法三种。

1）目测法：其手段可归纳为看、摸、敲、照4个字。

看，就是根据质量标准进行外观目测。如墙纸裱糊质量应是：纸面无斑痕、空鼓、气泡、折皱；每一墙面纸的颜色、花纹一致；斜视无胶痕，纹理无压平、起光现象；对缝无离缝、搭缝、张嘴；对缝处图案、花纹完整；裁纸的一边不能对缝，只能搭接等。又如，清水墙面是否洁净，喷涂是否密实和颜色是否均匀，地面是否光洁平整，施工顺序是否合理，工人操作是否正确等，均是通过目测检查、评价；摸，就是手感检查，主要用于装饰工程的某些检查项目，如水刷石、干粘石粘结牢固程度，油漆的光滑度，浆活是否掉粉等，均可通过手摸加以鉴别；敲，是运用工具进行音感检查。底板墙板顶板等均应进行敲击检查，通过声音的虚实确定有无空鼓，还可根据声音的清脆和沉闷，判定属于面层空鼓或底层空鼓；照，对于难以看到或光线较暗的部位，则可采用镜子反射或灯光照射的方法进行检查。

2）实测法：就是通过实测数据与施工规范及质量标准所规定的允许偏差对照，来判别质量是否合格。实测检查法的手段，也可归纳为靠、吊、量、套4个字。

靠，是用直尺、塞尺检查墙面、地面、屋面的平整度；吊，是用托线板以线锤吊线检查垂直度；量，是用测量工具和计量仪表等检查断面尺寸、轴线、标高、湿度、温度等的偏差；套，是以方尺套方，辅以塞尺检查。

3）试验法：指必须通过试验手段，才能对质量进行判断的检查方法。如对桩或地基的静载试验，确定其承载力；对钢筋对焊接头进行拉力试验，检验焊接的质量；对钢结构进行稳定性试验，确定是否产生失隐现象等。

8.2　施工各阶段的质量控制

8.2.1　施工准备阶段的质量控制

1. 技术文件和资料准备的质量控制

（1）施工项目所在地的自然条件及技术经济条件调查资料

对施工项目所在地的自然条件和技术经济条件的调查，是为选择施工技术与组织方案收集基础资料，并以此作为施工准备工作的依据。具体收集的资料包括：地形与环境条件、地质条件、地震级别、工程水文地质情况、气象条件，以及当地水、电、能源供应条件，交通运输条件，材料供应条件等。

（2）施工组织设计

施工组织设计是指导施工准备和组织施工的全面性技术经济文件。对施工组织设计要进行两方面的控制：一是在制定施工进度时，必须考虑施工顺序、施工流向，主要分部分项工程的施工方法，特殊项目的施工方法和技术措施能否保证工程质量；二是在制定施工方案时，必须进行技术经济比较，使工程项目满足符合性、有效性和可靠性要求，取得施工工期短、成本低、安全生产、效益好的经济质量。

（3）工程测量控制资料

施工现场的原始基准点、基准线、参考标高及施工控制网等数据资料，是施工之前进行质量控制的一项基础工作，也是进行工程测量控制的重要内容。

（4）国家及政府有关部门颁布的有关文件及质量验收标准

质量管理方面的法律、法规性文件，规定了工程建设参与各方的质量责任和义务，质量管理体系建立的要求、标准，质量问题处理的要求、质量验收标准等，这些均是进行质量控制的重要依据。

2. 设计交底和图纸审核的质量控制

设计图纸是进行质量控制的重要依据。要做好设计交底和图纸审核工作，进而使施工单位熟悉有关的设计图纸，充分了解拟建项目的特点、设计意图和工艺与质量要求，减少图纸的差错，杜绝图纸中的质量隐患。

（1）设计交底

工程施工前，由设计单位向施工单位有关人员进行设计交底，其主要内容包括：

1）设计意图：设计思想、设计方案比较、基础处理方案、结构设计意图、设备安装和调试要求、施工进度安排等；

2）施工注意事项：对基础处理的要求，对建筑材料的要求，采用新结构、新工艺的要求，施工组织和技术保证措施等。

3）施工图设计依据：初步设计文件，规划、环境等要求，设计规范；

4）地形、地貌、水文气象、工程地质及水文地质等自然条件；

（2）图纸审核

图纸审核是设计单位和施工单位进行质量控制的重要手段，也是使施工单位发现和减少设计差错，保证工程质量的重要方法。图纸审核的主要内容包括：

1）认定设计者的资质；

2）设计是否满足抗震、防火、环境卫生等要求；

3）图纸与说明是否齐全；

4）图纸中有无遗漏、差错或相互矛盾之处，图纸表示方法是否清晰明了并符合标准要求；

5）地质及水文地质等资料是否充分、可靠；所需材料来源有无保证，能否替代；

6）施工工艺、方法是否合理，是否切合实际，是否便于施工，能否保证质量要求；

7）施工图及说明书中涉及的各种标准、图册、规范、规程等，施工单位是否具备。

3. 物资和分包方的采购质量控制

采购质量控制主要包括对采购产品及其供方的控制，制定采购要求和验证采购产品。建设项目中的工程分包，也应符合规定的采购要求。

（1）物资采购

采购物资应符合设计文件、标准、规范、相关法规及承包合同要求，如果项目部另有附加的质量要求，也应予以满足。对于大批量物资、重要物资、新型材料物资以及对工程最终质量有重要影响的物资，可由企业主管部门对可供选用的供方进行逐个评价，并确定合格供方名单。

（2）采购要求

采购要求是采购产品控制的重要内容。采购要求的形式可以是订单、技术协议、合同、询价单及采购计划等。

采购要求包括：有关产品提供的程序性要求，有关产品的质量要求或外包服务要求，对供方人员资格的要求以及对供方质量管理体系的要求。

（3）分包服务

对各种分包服务选用的控制应根据其规模、对其控制的复杂程度区别对待。一般通过分包合同，对分包服务进行动态控制。评价及选择分包方应考虑的原则：有合法的资质，外地单位经本地主管部门核准；分包方质量管理体系对按要求如期提供稳定质量的产品的保证能力；对采购物资的样品、说明书或检验、试验结果进行评定；与本组织或其他组织合作的业绩信誉。

（4）采购产品验证

采购产品的验证有多种方式，如在进货检验、供方现场检验、查验供方提供的合格证等。组织应根据不同服务或产品的验证要求规定验证的主管部门及验证方式，并严格执行。当组织或其顾客拟在供方现场实施验证时，组织应在采购要求中事先作出规定。

4. 质量教育和培训

培训和质量教育是指通过教育培训和其他措施提高员工的能力，增强顾客和质量意识，使员工满足所从事的质量工作对能力的要求。

项目领导班子应着重培训员工的质量意识教育，使员工充分理解和掌握质量方针和目标，掌握质量管理体系有关方面的内容，具备质量保持和持续改进意识。应保留员工的教育、培训及技能认可的记录。通过面试、笔试、实际操作等方式检查培训的有效性。

8.2.2　施工过程的质量控制

1. 技术交底

按照工程的重要程度，单位工程开工前，应由企业组织或项目技术负责人进行全面的技术交底。而工期长且工程复杂的工程可按结构、基础、装修等几个阶段分别组织技术交底。各分项工程施工前，应由项目技术负责人向参加该项目施工的所有配合工种和班组进行交底。

交底内容包括施工组织设计交底、分项工程技术交底和图纸交底等。通过交底明确对轴线、尺寸、标高、预留尺度、预埋件、材料规格及配合比等要求，明确工序搭接、工种配合、施工方法等施工安排，确保安全、质量、节约措施。交底的形式除口头和书面外，也可采用样板示范操作等。

2. 测量控制

（1）对于给定的基准线和参考标高、原始基准点等的测量控制点应做好复核工作，经审核批准后，才能据此进行准确的测量放线。

（2）施工测量控制网的复测

准确地测定与保护好场地主轴线和平面控制网的桩位，是整个场地内构筑物定位的依据，是保证整个施工测量精确和顺利进行施工的基础。因此，在复测施工测量控制网时，要抽检建筑方格网、标桩埋设位置以及控制高程的水准网点等。

上述两项工作，在施工前必须进行检测。

3. 材料控制

（1）对供货方质量保证能力进行评定

对供货方质量保证能力评定原则包括：材料供应的表现状况，如材料质量、交货期等；供货方质量管理体系对于按要求如期提供产品的保证能力；供货方的顾客满意程度；供货方交付材料之后的服务和支持能力；其他如价格、履约能力等。

（2）建立材料管理制度，减少材料损失、变质

对材料的采购、运输和加工、贮存建立管理制度，可加快材料的周转，减少材料占用量，避免材料损坏与变质，按期按质按量满足工程项目的需要。

（3）对原材料、半成品、构配件进行标识

进入施工现场的原材料、半成品、构配件要按型号、品种分区堆放，予以标识；对容易损坏的材料、设备，要做好防护；对有防湿、防潮要求的材料，要有防雨防潮措施，并有标识；对有保质期要求的材料，要定期检查，以防过期，并做好标识。

标识应具有可追溯性，即应标明其规格、日期、生产地、批次号、加工过程、安装交付后的分布。

（4）加强材料检查验收

用于工程的主要材料，进场时应有材质化验单与出厂合格证；凡标识不清或认为存在质量问题的材料，需要进行追踪检验确保质量；凡已经验证为不合格或未经检验的原材料、半成品、构配件和工程设备不能投入使用。

（5）发包人提供的原材料、半成品、构配件和设备

发包人所提供的原材料、半成品、构配件和设备用于工程时，项目组织应对

其做出专门的标识，接受时进行验证，贮存或使用时给予维护并正确使用。上述材料经验证不合格，不可用于工程。发包人有责任提供合格的原材料、半成品、构配件和设备。

（6）材料质量抽样和检验方法

材料质量抽样应按规定的部位、数量及采选的操作要求进行。

材料质量的检验项目分为一般试验项目和其他试验项目，一般试验项目即通常进行的试验项目，其他试验项目是根据需要而进行的试验项目。材料质量检验方法有外观检验、理化检验、书面检验和无损检验等。

4. 机械设备控制

（1）机械设备使用形式决策

施工项目上所使用的机械设备应根据项目特点及工程量，按必要性、可能性和经济性的原则确定其使用形式。机械设备的使用形式包括：自行采购、租赁、承包和调配等。

1）自行采购：根据项目及施工工艺特点和技术发展趋势，确有必要时才自行购置机械设备。应使所购置机械设备在项目上达到较高的机械利用率和经济效果，否则采用其他使用形式。

2）承包：某些操作复杂、工程量较大或要求人与机械密切配合的机械，如大型网架安装，可由专业机械化施工公司承包。

3）调配：一些常用机械，可由项目所在企业调配使用。

4）租赁：某些大型、专用的特殊机械设备，如果项目自行采购在经济上不合理时，可从机械设备供应站（租赁站），以租赁方式承租使用。

究竟采用何种使用形式，应通过技术经济分析来确定。

（2）注意机械配套

机械配套有两层含义：

一是一个工种的全部过程和环节配套，如混凝土工程，搅拌要做到上料、称量、搅拌与出料的所有过程配套，运输要做到水平运输、垂直运输与布料的各过程以及浇灌、振捣各环节都机械化且配套；

二是主导机械与辅助机械在规格、数量和生产能力上配套，如挖土机的斗容量要与运土汽车的载重量和数量相配套。

现场的施工机械如能合理配备并配套使用，就能充分发挥机械的效能，获得较好的经济效益。

（3）机械设备的合理使用

合理使用机械设备并正确操作是保证项目施工质量的重要环节。应贯彻人机固定原则，实行"三定"制度即定机、定人、定岗位。要合理划分施工段，组织好机械设备的流水施工。当一个项目有多个单位工程时，应使机械在单位工程之间流水作业，减少进出场时间、装卸费用。搞好机械设备的综合利用，尽量做到一机多用。且要使现场环境、施工平面布置适合机械作业要求，为机械设备的施工创造良好条件。

（4）机械设备的保养与维修

为了保持机械设备的良好技术状态，提高设备运转的可靠性和安全性，减少零件的磨损，降低消耗、延长使用寿命、提高机械施工的经济效益，应做好机械设备的保养。保养分为强制保养和例行保养。强制保养是按照一定周期和内容分级进行保养。例行保养的主要内容有：保持机械的清洁，检查运转情况，防止机械腐蚀，按技术要求润滑等。

对机械设备的维修可以保证机械的使用效率，延长使用寿命。机械设备修理是对机械设备的自然损耗进行修复，排除机械运行的故障，对损坏的零部件要及时进行更换或修复。

5.环境控制

（1）建立环境管理体系，实施环境监控

在项目的施工过程中，项目组织也要重视自己的环境表现和环境形象，并以一套系统化的方法规范其环境管理活动，满足法律的要求和自身的环境方针，以求得生存和发展。

环境管理体系是整个管理体系的一个组成部分，包括为制定、实施、实现、评审和保持环境方针所需的组织结构、计划活动、职责、惯例、程序、过程和资源。

环境管理体系是一个系统，因此需要不断监测和定期进行评审，适应变化着的内外部因素，有效地引导项目组织的环境活动。项目组织内的每位成员都要承担环境改进的职责。

实施环境监控时，应确定环境因素并对环境做出评价：

1）项目的活动、产品和服务中包含哪些环境因素？

2）项目组织是否具备评价新项目环境影响的程序？

3）项目的活动、产品和服务是否产生重大的、有害的环境影响？

4）对项目的活动、产品和服务的任何更改或补充，将如何作用于环境因素和与之相关的环境影响？

5）项目所处的地点有无特殊的环境要求？

6）如果一个过程失效，将产生多大的环境影响？

7）从影响、可能性、严重性方面考虑，有哪些是重要环境因素？

8）可能造成环境影响的事件出现的频率？

9）这些重大环境影响是当地的、区域性的还是全球性的？

在环境管理体系运行中，应根据项目的环境目标和指标，建立对实际环境表现进行测量和监测的系统，其中包括对遵循环境法律的情况进行评价；要对测量的结果做出分析，以确定哪些部分是成功的，哪些部分是需要采取纠正措施和予以改进的活动。管理者应确保措施贯彻，采取系统的后续措施确保它们的有效性。

（2）对影响工程项目质量的环境因素的控制

1）工程管理环境

工程管理环境包括质量管理体系、环境管理体系、安全管理体系、财务管理体系等。上述各管理体系的建立与正常运行，能够保证项目各项活动的正常、有序进行，也是搞好工程质量的必要条件。

2）工程技术环境

工程技术环境包括工程地质、水文地质、气象等。需要对工程技术环境进行调查研究。工程地质方面要摸清建设地区的钻孔布置图、工程地质剖面图及土壤试验报告；水文地质方面要摸清建设地区全年不同季节的地下水位变化、流向及水的化学成分，以及附近河流和洪水情况等；气象方面要了解建设地区的气温、风速、风向、降雨量、冬雨季月份等。

3）劳动环境

劳动环境包括劳动工具、劳动组织、劳动保护与安全施工等。

劳动组织的基础是分工和协作，分工得当既有利于提高工人的熟练程度，又便于劳动力的组织与运用；协作最基本的问题是配套，即各工种和不同等级工人之间互相匹配，从而避免停工窝工，获得最高的劳动生产率。

劳动工具的数量、质量、种类应便于操作、使用，有利于提高劳动生产率。

劳动保护与安全施工是指在施工过程中，以改善劳动条件，保证员工的生产安全，保护劳动者的健康而采取的一些管理活动，这项活动有利于发挥员工的积极性和提高劳动生产率。

6. 计量控制

施工中的计量工作，包括施工生产时的投料计量、施工生产过程中的监测计量和对项目、产品或过程的测试、检验、分析计量等。

计量工作的主要任务是统一计量单位制度，组织量值传递，保证量值的统一。这些工作有利于控制施工生产工艺过程，促进施工生产技术的发展，提高工程项目的质量。因此，计量是保证工程项目质量的重要手段和方法，亦是施工项目开展质量管理的一项重要基础工作。

为做好计量控制工作，应抓好以下几项工作：建立计量管理部门和配备计量人员；建立健全和完善计量管理的规章制度；积极开展计量意识教育。

7. 工序控制

工序亦称"作业"。工序是产品制造过程的基本环节，也是组织生产过程的基本单位。一道工序，是指一个或一组工人在一个工作地对一个或多个劳动对象所完成的一切连续活动的总和。

工序质量是指工序过程的质量。对于现场工人来说，工作质量通常表现为工序质量，一般来说，工序质量是指工序的成果符合设计、工艺要求的程序。人、机器、方法、环境、原材料五种因素对工程质量有直接影响。

在施工过程中，测得的工序特性数据是有波动的，产生波动的原因有两种，因此，波动也分为两类。

一类是在施工过程中发生了异常现象，如不遵守工艺标准，违反操作规程，机械、设备发生故障，仪器、仪表失灵等，这类因素称为异常因素。这类因素经有关人员共同努力，在技术上是可以避免的。工序管理就是去分析和发现影响施工中每道工序质量的这两类因素中影响质量的异常因素，并采取相应的技术和管理措施，使这些因素被控制在允许的范围内，从而保证每道工序的质量。工序管理的实质是工序质量控制，即使工序处于稳定受控状态。

另一类是操作人员在相同的技术条件下，按照工艺标准去做，可是不同的产品却存在着波动。这种波动在目前的技术条件下还不能控制，在科学上是由无数类似的原因引起的，所以称为偶然因素，如构件允许范围内的尺寸误差、季节气候的变化、机具的正常磨损等。

工序质量控制是为把工序质量的波动限制在要求的界限内所进行的质量控制活动。工序质量控制的核心是管理因素，而不是管理结果。控制的最终目的是要保证稳定地生产合格产品。

工序质量控制是使工序质量的波动处于允许的范围之内，一旦超出允许范围立即对影响工序质量波动的因素进行分析，针对问题，采取必要的技术措施，对工序进行有效的控制，使之保证在允许范围内。工序质量控制的实质是对工序因素的控制，特别是对主导因素的控制。

8. 特殊过程控制

特殊过程是指该施工过程或工序施工质量不易或不能通过其后的检验和试验而得到充分的验证，或者万一发生质量事故则难以挽救的施工对象。

特殊过程是施工质量控制的重点，设置质量控制点就是要根据工程项目的特点来抓住影响工序施工质量的主要因素。

（1）质量控制点设置原则

对工程质量形成过程的各个工序进行全面分析，凡对工程的适用性、安全性、可靠性、经济性有直接影响的关键部位设立控制点，预应力张拉、楼面标高控制等；对下道工序有较大影响的上道工序设立控制点，如砖墙粘结率、墙体混凝土浇捣等；对质量不稳定，经常容易出现不良品的工序设立控制点，如阳台地坪、门窗装饰等；对用户反馈和过去有过返工的不良工序，如屋面、油毡铺设等。

（2）质量控制点的种类

1）以管理工作为对象来设置；

2）以设备为对象来设置；

3）以工序为对象来设置；

4）以质量特性值为对象来设置。

（3）质量控制点的管理

在操作人员上岗前，技术员和施工员做好交底及记录，在明确工艺要求、质量要求、操作要求的基础上方能上岗。施工中发现问题，应马上向技术人员反映，由技术人员指导后，操作人员方可继续施工。

为了保证质量控制点的目标实现，要建立三级检查制度。即操作人员每日自检一次，组员之间或组长、质量干事与组员之间进行互检；质量员进行专检；上级部门进行抽查。

在施工中，如果发现质量控制点有异常情况，应立即停止施工，召开分析会，找出产生异常的主要原因，并用对策表写出对策。若是因技术要求不当而产生异常，必须重新修订标准，在明确操作要求和新标准的基础上，再继续进行施工，同时还应加强自检、互检的频次。

9.工程变更控制

（1）工程变更的含义

工程项目任何形式上的、数量上的、质量上的变动，都称为工程变更，它既包括了工程具体项目的某种形式上的、数量上的、质量上的改动，也包括了合同文件内容的某种改动。

（2）工程变更控制

工程变更可能导致项目工期、成本或质量的改变。因此，必须对工程变更进行严格的管理和控制。

在工程变更控制中，主要应考虑以下方面：管理和控制那些能够引起工程变更的因素和条件；分析和确认各方面提出的工程变更要求的合理性和可行性；当工程变更发生时，应对其进行管理和控制；分析工程变更引起的风险。

工程变更应按图8-2程序进行。

（3）工程变更的范围

1）工程量的变动

对于工程量清单中的数量上的增加或减少。

2）施工时间的变更

对已批准的承包商施工计划中安排的施工时间或完成时间的变动。

3）设计变更

设计变更的主要原因是投资者对投资规模的压缩或扩大，而需重新设计。设计变更的另一个原因是对已交付的设计图纸提出新的设计要求，需要对原设计进行修改。

4）施工合同文件变更

承包方提出修改设计的合理化建议，其节约价值的分配；施工图的变更；由于不可抗力或双方事先未能预料而无法防止的事件发生，允许进行合同变更。

10.成品保护

在工程项目施工中，某些部位已完成，而其他部位还正在施工，如果对已完成部位或成品，

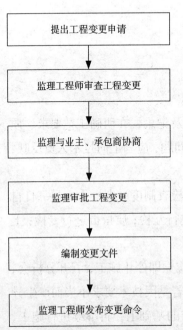

图8-2 工程变更程序

提出工程变更申请

↓

监理工程师审查工程变更

↓

监理与业主、承包商协商

↓

监理审批工程变更

↓

编制变更文件

↓

监理工程师发布变更命令

不采取妥善的措施加以保护会造成损伤，影响工程质量。因此，会造成人力、财力、物力的浪费和拖延工期；更为严重的是有些损伤难以恢复原状，而成为永久性的缺陷。

加强成品保护，要从两个方面着手，首先应加强教育，提高全体员工的成品保护意识。其次要合理安排施工顺序，采取有效的保护措施。

成品保护的措施包括：

（1）盖

盖就是表面覆盖，防止堵塞、损伤。如落水口、排水管安好后加以覆盖，以防堵塞。

（2）包

包就是进行包裹，防止对成品的污染及损伤。如在喷浆前对电气开关、插座、灯具等设备进行包裹。

（3）护

护就是提前保护，防止对成品的污染及损伤。如为了防止清水墙面污染，在相应部位提前钉上塑料布或纸板。

（4）封

封就是局部封闭，如防水完成后，应封闭出入口处的楼梯门或出入口。

8.2.3　竣工验收阶段的质量控制

1. 最终质量试验与检验

单位工程质量验收也称质量竣工验收，是综合管廊工程投入使用前的最后一次验收，也是最重要的一次验收。验收合格的条件有五个：

（1）构成单位工程的各分部工程应该合格。

（2）有关的资料文件应完整。

（3）涉及安全和使用功能的分部工程应进行检验资料的复查。不仅要全面检查其完整性，而且对分部工程验收时补充进行的见证抽样检验报告也要复核。这种强化验收的手段体现了对安全和主要使用功能的重视。

（4）对主要使用功能还须进行抽查。使用功能的检查是对建筑工程和设备安装工程最终质量的综合检验，也是用户最关心的内容。因此，在分项、分部工程验收合格的基础上，竣工验收时再作全面检查。抽查项目是在检查资料文件的基础上由参加验收的各方人员商定，并用计量、计数的抽样方法确定检查部位。检查要求按有关专业工程施工质量验收标准的要求进行。

（5）参加验收的各方人员共同进行观感质量检查。观感质量验收，往往难以定量，只能以观察、触摸或简单量测的方式进行，并由个人的主观意向判断，检查结果并不给出"合格"或"不合格"的结论，而是综合给出质量评价，最终确定是否通过验收。

单位工程技术负责人应按编制竣工资料的要求收集和整理原材料、构件、零配件和设备的验收材料和质量合格证明材料，各种材料的试验检验资料，隐蔽工程、分项工程和竣工工程验收记录，其他的施工记录等。

2. 技术资料的收集和整理

技术资料，特别是永久性技术资料，是施工项目进行竣工验收的主要依据，也是项目施工情况的重要记录。因此，技术资料的整理要符合有关规定及规范的要求，必须做到准确、齐全，能够满足建设工程进行维修、改造、扩建时的需要，其主要内容有：

（1）工程项目开工竣工报告；

（2）图纸会审和设计交底记录；

（3）设计变更通知单；

（4）技术变更核定单；

（5）工程质量事故发生后调查和处理资料；

（6）材料、设备、构件的质量合格证明资料；

（7）水准点位置、定位测量记录、沉降及位移观测记录；

（8）试验和检验报告；

（9）隐蔽工程验收记录及施工日志；

（10）竣工图；

（11）质量验收评定资料；

（12）工程竣工验收资料。

监理工程师应对上述技术资料进行审查，并请建设单位及有关人员，对技术资料进行检查验证。

3. 施工质量缺陷的处理

《质量管理体系 基础和术语》GB/T 19000 中"缺陷"的含义是："未满足与预期或规定用途有关的要求"。要注意区别"缺陷"和"不合格"两个术语的含义。"缺陷"是指未满足其中特定的（与预期或规定用途有关的）要求，例如，安全性有关的要求。它是一种特定范围内的"不合格",因涉及产品责任称之为"缺陷"。而"不合格"是指未满足要求,该"要求"是指"明示的、习惯上隐含的或必须履行的需求或期望",是一个包含多方面内容的"要求",当然,也应包括"与期望或规定的用途有关的要求"。

对于工程质量缺陷可采用的处理方案:

(1)不做处理

某些工程质量缺陷虽不符合规定的要求或标准,但其情况不严重,经过分析、论证和慎重考虑后,可以做出不做处理的决定。可以不做处理的情况有:不影响结构安全和使用要求;经过后续工序可以弥补的不严重的质量缺陷;经复核验算,仍能满足设计要求的质量缺陷。

(2)限制使用

当工程质量缺陷按修补方式处理无法保证达到规定的使用要求和安全,而又无法返工处理的情况下,不得已时可以做出结构卸荷、减荷以及限制使用的决定。

(3)修补处理

当工程的某些部分的质量虽未达到规定的规范、标准或设计要求,存在一定的缺陷,但经过修补后还可达到要求的标准,又不影响使用功能或外观要求的,可以做出进行修补处理的决定。例如,某些混凝土结构表面出现蜂窝麻面,经调查、分析,该部位经修补处理后,不影响其使用及外观要求。

(4)返工处理

当工程质量未达到规定的标准或要求,有明显的严重质量问题,对结构的使用和安全有重大影响,而又无法通过修补办法给予纠正时,可以做出返工处理的决定。例如,某工程预应力按混凝土规定张力系数为1.4,但实际仅为1.0,属于严重的质量缺陷,也无法修补,只能做出返工处理的决定。

4.竣工文件的编制

(1)项目可行性研究报告,项目立项批准书,土地、规划批准文件,设计任务书,初步设计,工程概算等。

(2)竣工资料整理,绘制竣工图,编制竣工决算。

(3)竣工验收报告;建设项目总说明;技术档案建立建设以及效益情况;存在和遗留问题等。

(4)竣工验收报告书的主要附件:竣工项目概况一览表;已完单位工程一览

表；已完设备一览表；应完未完设备一览表；竣工项目财务决算综合表；概算调整与执行情况一览表；交付使用单位财产总表及交付使用财产一览表；单位工程质量汇总、项目总体质量评价表。

工程项目交接是在工程质量验收之后，由承包单位向业主进行移交项目所有权的过程。工程项目移交前，施工单位要编制竣工结算书，还应将成套工程技术资料进行分类整理，编目建档。

5. 撤场安排

工程交工后，项目经理部编制的撤场计划的内容应包括：

（1）施工机具、暂设工程、建筑残土、剩余构件在规定时间内全部拆除运走，达到场清地平；

（2）有绿化要求的，达到树活草青。

8.3 质量验收基本规定

8.3.1 施工现场的质量管理

综合管廊工程的质量验收按照"验评分离、强化验收、完善手段、过程控制"的指导原则。

施工现场质量管理应有相应的施工技术标准、健全的质量管理体系、施工质量检验制度和综合施工质量水平评定考核制度。

1. 有标准

施工现场必须具备相应的施工技术标准。这是抓好工程质量的最基本要求。

2. 有制度

综合管廊工程施工中必须制度健全。这种制度应该是一种"责任制度"。只有建立起必要的质量责任制度，才能对综合管廊工程施工的全过程进行有效的控制。

这里所说的制度，应包括原材料控制、工艺流程控制、施工操作控制、每道工序质量检查、各道相关工序间的交接检验以及专业工种之间等中间交接环节的质量管理和控制要求等制度，此外还应包括满足施工图设计和功能要求的抽样检验制度等。施工单位从施工技术、管理制度、工程质量控制和工程实际质量等方面制定企业综合质量控制的指标，并形成制度，以达到提高整体素质和经济效益的目的。

3. 有体系

要求每一个施工现场，都要树立靠体系管理质量的观念，并从组织上加以落实。施工单位应推行生产控制和合格控制的全过程质量控制，应有健全的生产控制和合格控制的质量管理体系。注意这条要求的内涵是不仅要有体系，这个体系还要有效运行，即应该发挥作用。施工单位必须建立起内部自我完善机制，只有这样，施工单位的管理水平才能不断提高。这种自我完善机制主要是：施工单位通过内部的审核与管理者评审，找出质量管理体系中存在的问题和薄弱环节，并制定改进的措施和跟踪检查落实，使单位和项目的质量管理体系不断健全和完善。这项机制，是一个施工单位不断提高工程施工质量的基本保证。因此，无论是否贯标认证，都要树立靠体系管理质量的观念。

8.3.2　施工质量控制的基本规定

（1）综合管廊工程采用的主要材料、半成品、成品、综合管廊构配件、器具和设备应进行现场验收。凡涉及安全、功能的有关产品，应按各专业工程质量验收规范规定进行复验，并应经监理工程师或建设单位技术负责人检查认可。

（2）各工序应按施工技术标准进行质量控制，每道工序完成后，应进行检查。

（3）相关各专业工种之间，应进行交接检验，并形成记录。未经监理工程师或建设单位技术负责人检查认可，不得进行下道工序施工。

施工单位每道工序完成后除了自检、专职质量检查员检查外，还强调了工序交接检查，上道工序还应满足下道工序的施工条件和要求；同样，相关专业工序之间也应进行中间交接检验，使各工序间和各相关专业工程之间形成一个有机的整体。这种工序的检验实质上是质量的合格控制。

8.3.3　施工质量验收的基本要求

（1）综合管廊工程施工质量应符合《建筑工程施工质量验收统一标准》GB 50300和相关专业验收规范的规定。

（2）工程质量的验收均应在施工单位自行检查评定的基础上进行。

（3）综合管廊工程施工应符合工程勘察、设计文件的要求。

（4）参加工程施工质量验收的各方人员应具备规定的资格。

（5）隐蔽工程在隐蔽前应由施工单位通知有关单位进行验收，并应形成验收文件。

（6）涉及结构安全的试块、试件以及有关材料，应按规定进行见证取样检测。

（7）检验批的质量应按主控项目和一般项目验收。

（8）对涉及结构安全和使用功能的重要分部工程应进行抽样检测。

（9）承担见证取样检测及有关结构安全检测的单位应具有相应资质。

（10）工程的观感质量应由验收人员通过现场检查，并应共同确认。

8.3.4 检验批抽样方案的有关规定

1. 检验批的质量检验

计量、计数或计量—计数等抽样方案；根据生产连续性和生产控制稳定性情况，尚可采用调整型抽样方案；一次、二次或多次抽样方案；对重要的检验项目，当可采用简易快速的检验方法时，可选用全数检验方案；经实践检验有效的抽样方案。

2. 检验批的抽样方案中有关规定

生产方风险或错判概率 α 和使用方风险或漏判概率 β 按下列要求采取：

主控项目：对应于合格质量水平的 α 和 β 均不宜超过 5%；一般项目：对应于合格质量水平的 α 不宜超过 5%，β 不宜超过 10%。

8.4 质量验收标准

8.4.1 主控项目

（1）预制管廊构件质量验收应满足如下要求：

1）预制管廊构件观感质量检验应满足要求。

2）预制管廊构件尺寸及其误差应满足要求。

3）预制管廊构件间结合构造应满足要求。

4）吊装、安装预埋件的位置应准确。

检查数量：全数检查。

检验方法：观察、尺量；查看质量检测报告。

（2）专业企业生产的预制构件进场时，预制构件结构性能检验应符合下列规定：

1）简支受弯预制构件进场时应进行结构性能检验，并应符合下列规定：

①结构性能检验应符合国家现行相关标准的有关规定及设计的要求，检验要求和试验方法应符合现行国家标准《混凝土结构工程施工质量验收规范》GB 50204 的规定。

②钢筋混凝土构件和允许出现裂缝的预应力混凝土构件应进行承载力、挠度和裂缝宽度检验；不允许出现裂缝的预应力混凝土构件应进行承载力、挠度和抗裂检验。

③对大型构件及有可靠应用经验的构件，可只进行裂缝宽度、抗裂和挠度检验。

④对使用数量较少的构件，当能提供可靠依据时，可不进行结构性能检验。

2）对其他预制构件，除设计有专门要求外，进场时可不做结构性能检验。

3）对进场时不做结构性能检验的预制构件，应采取下列措施：

①施工单位或监理单位代表应驻厂监督制作过程；

②当无驻厂监督时，预制构件进场时应对预制构件主要受力钢筋数量、规格、间距及混凝土强度等进行实体检验。

检验数量：同一类型预制构件不超过 1000 个为一批，每批随机抽取 1 个构件进行结构性能检验。

检验方法：检查结构性能检验报告或实体检验报告。

（3）预制构件的外观质量不应有严重缺陷，且不应有影响结构性能和安装、使用功能的尺寸偏差。

检查数量：全数检查。

检验方法：观察，尺量；检查处理记录。

（4）预制构件上的预埋件、预留插筋、预埋管线等的规格和数量以及预留孔、预留洞的数量应符合设计要求。

检查数量：全数检查。

检验方法：观察。

（5）预制构件临时固定措施应符合施工方案的要求。

检查数量：全数检查。

检验方法：观察。

（6）钢筋采用套筒灌浆连接时，灌浆应饱满、密实，其材料及连接质量应符合国家现行行业标准《钢筋套筒灌浆连接应用技术规程》JGJ 355 的规定。

检查数量：按国家现行行业标准《钢筋套筒灌浆连接应用技术规程》JGJ 355 的规定确定。

检验方法：检查质量证明文件、灌浆记录及相关检验报告。

（7）钢筋采用焊接连接时，其接头质量应符合现行行业标准《钢筋焊接及验收规程》JGJ 18 的规定。

检查数量：按现行行业标准《钢筋焊接及验收规程》JGJ 18 的有关规定确定。

检验方法：检查质量证明文件及平行加工试件的检验报告。

（8）钢筋采用机械连接时，其接头质量应符合现行行业标准《钢筋机械连接技术规程》JGJ 107 的规定。

检查数量：按现行行业标准《钢筋机械连接技术规程》JGJ 107 的规定确定。

检验方法：检查质量证明文件、施工记录及平行加工试件的检验报告。

（9）预制构件采用焊接、螺栓连接等连接方式时，其材料性能及施工质量应符合国家现行标准《钢结构工程施工质量验收规范》GB 50205 和《钢筋焊接及验收规程》JGJ 18 的相关规定。

检查数量：按国家现行标准《钢结构工程施工质量验收规范》GB 50205 和《钢筋焊接及验收规程》JGJ 18 的规定确定。

检验方法：检查施工记录及平行加工试件的检验报告。

（10）预制拼装综合管廊采用现浇混凝土连接构件时，构件连接处后浇混凝土的强度应符合设计要求。

检查数量：按本指南的规定确定。

检验方法：检查混凝土强度试验报告。

（11）装配式结构施工后，其外观质量不应有严重缺陷，且不应有影响结构性能和安装、使用功能的尺寸偏差。

检查数量：全数检查。

检验方法：观察，量测；检查处理记录。

8.4.2　一般项目

（1）预制构件的尺寸偏差及检验方法应符合表 8-1 的规定；设计有专门规定时，尚应符合设计要求。施工过程中临时使用的预埋件，其中心线位置允许偏差可取表 8-1 中规定数值的 2 倍。

检查数量：同一类型的构件，不超过 100 件为一批，每批应抽查构件数量的 5%，且不应少于 3 件。

（2）预制构件的粗糙面的质量及键槽的数量应符合设计要求。

检查数量：全数检查。

检验方法：观察。

预制构件尺寸的允许偏差

表 8-1

检查项目		允许偏差（mm）	检查数量		检验方法
			范围	数量	
长度	板	+10,5	每构件	2	尺量
	墙	±5			
宽度、高度		±5			钢尺量一端及中部，取较大值
侧向弯曲	板	L/750 且 ≤ 20			拉线、钢尺量最大侧向弯曲处
	墙	L/1000 且 ≤ 20			
表面平整度		5	每构件	2	2m 靠尺和塞尺量
对角线	楼板	10			尺量两个对角线
	墙板	5			
预留孔	中心线位置	5			尺量
	孔尺寸	±5			
预留洞	中心线位置	10			尺量
	洞口尺寸、深度	±10			
预埋件	预埋板中心线位置	5	每处	1	尺量
	预埋板与混凝土面平面高差	0,5			
	预埋螺栓	2			
	预埋螺栓外露长度	+10，-5			
	预埋套筒、螺母中心线位置	2			
	预埋套筒、螺母与混凝土面平面高差	±5			
预留插筋	中心线位置	5			尺量
	外露长度	+10，-5			
键槽	中心线位置	5			尺量
	长度、宽度	±5			
	深度	±10			

注：1.L 为构件长度（mm）；

2.检查中心线、螺栓位置时，应沿纵、横两个方向量测，并取其中的较大值；

3.对形状复杂或有特殊要求的构件，其尺寸偏差应符合标准图或设计的要求。

（3）预制拼装综合管廊施工后，其外观质量不应有一般缺陷。

检查数量：全数检查。

检验方法：观察，检查处理记录。

（4）预制拼装综合管廊施工后，预制构件位置、尺寸偏差及检验方法应符合设计要求；当设计无具体要求时，应符合表 8-2 的规定。预制构件与现浇结构连接部位的表面平整度应符合表 8-2 的规定。

检查数量：全数检查。

预制拼装综合管廊构件位置和尺寸的允许偏差 表 8-2

检查项目			允许偏差（mm）	检验方法
轴线位置	楼		5	经纬仪及尺量
	墙		8	
标高	板底面或顶面		±5	水准仪或拉线、尺量
	墙			
垂直度	墙板安装后的高度	≤ 6m	5	经纬仪或吊线、尺量
		> 6m	10	
相邻构件平整度	板		5	2m 靠尺和塞尺量测
	墙		5	
支座、支垫中心位置			10	尺量
墙板接缝宽度			±5	尺量

（5）装配叠合式综合管廊构件尺寸的允许偏差和检验方法应符合表 8-3 的规定。

构件尺寸的允许偏差和检验方法 表 8-3

项目		允许偏差（mm）	检验方法
长度	叠合式顶板、叠合式侧壁	±5	钢尺检查
宽度	叠合式顶板、叠合式侧壁	±8	钢尺量一端及中部，去其中较大值
高（厚）	叠合式顶板	+3，-5	钢尺量一端及中部，去其中较大值
	叠合式侧壁	0，-8	

续表

项目		允许偏差（mm）	检验方法
侧向弯曲	叠合式顶板	$L/1000$ 且 ≤ 20	拉线、钢尺量最大侧向弯曲处
	叠合式侧壁	$L/1500$ 且 ≤ 20	
对角线差	叠合式顶板	6	钢尺量两个对角线
	叠合式侧壁	8	
表面平整度	叠合式顶板	6	2m 靠尺和塞尺量测

注：1. L 为构件长度（mm）。

2. 对形状复杂或有特殊要求的构件，其尺寸偏差应符合设计要求。

（6）装配叠合式综合管廊构件安装允许偏差和检验方法应符合表 8-4 的规定。

构件安装允许偏差和检验方法　　　　　　　　　表 8-4

项目		允许偏差（mm）	检验方法
叠合式侧壁	中心线对定位轴线的位置	5	钢尺量测
	垂直度	5	经纬仪或吊线、钢尺检查
	全局垂直度	40	
	墙板拼缝高度	±10	钢尺检查
叠合式顶板	平整度	10	2m 靠尺和塞尺量测
	标高	±10	水准仪或拉线、钢尺检查

8.5　结构实体检验

对涉及结构安全的有代表性的部位宜进行结构实体检验，检验应在监理工程师见证下，由施工单位的项目技术负责人组织实施。承担结构实体检验的检测单位应具有相应资质。

结构实体检验的内容包括：预制构件结构性能和装配式综合管廊结构连接性能检验两部分。检测结果由构件厂提供给施工总承包单位，并由专业监理工程师审查备案。

装配式综合管廊结构连接性能检验包括：叠合部位和节点连接部位的后浇混凝土强度；钢筋套筒连接的灌浆料强度；叠合部位和节点连接部位的钢筋保护层厚度以及工程合同规定的项目。

后浇混凝土的强度检验，应以在浇筑地点制备并与结构实体同条件养护的试件强度为依据。后浇混凝土的强度检验，也可根据合同约定采用非破损或局部破损的检测方法，按国家现行有关标准的规定进行。

灌浆料的强度检验，应以在灌注地点制备并标准养护的试件强度为依据。

对钢筋保护层厚度检验，抽样数量、检验方法、允许偏差和合格条件应符合现行国家标准《混凝土结构工程施工质量验收规范》GB 50204 的规定。

当同条件养护的混凝土试件的强度检验结果符合现行国家标准《混凝土强度检验评定标准》GB/T 50107 的有关规定时，混凝土强度应判为合格；当未能取得同条件养护试件强度、同条件养护试件强度被判为不合格或钢筋保护层厚度不满足要求时，应委托具有相应资质等级的检测机构按国家有关标准的规定进行检测复核。

8.6 质量验收

8.6.1 检验批质量验收合格的规定

（1）主控项目和一般项目的质量，经抽样检验合格。

（2）具有完整的施工操作依据、质量检查记录。

检验批虽然是工程验收的最小单元，但它是分项工程乃至整个建筑工程质量验收的基础。检验批是施工过程中条件相同并具有一定数量的材料、构配件或施工安装项目的总称，由于其质量基本均匀一致，因此可以作为检验的基础单位组合在一起，按批验收。

检验批验收时应进行资料检查和实物检验。

资料检查主要是检查从原材料进场到检验批验收的各施工工序的操作依据、质量检查情况以及控制质量的各项管理制度等。由于资料是工程质量的记录，所以对资料完整性的检查，实际是对过程控制的检查确认，是检验批合格的前提。

实物检验，应检验主控项目和一般项目。其合格指标在各专业质量验收规范中给出。对具体的检验批来说，应按照各专业质量验收规范对各检验批主控项目、一般项目规定的指标逐项检查验收。

检验批的合格质量主要取决于对主控项目和一般项目的检验结果。主控项目是对检验批的质量起决定性影响的检验项目，因此必须全部符合有关专业工程验收规范的规定。这意味着主控项目不允许有不符合要求的检验结果，即主控项目的检查结论具有否决权。如果发现主控项目有不合格的点、构件等，必须修补、更换或返工，最终达到合格。

8.6.2　分项工程质量验收合格的规定

（1）分项工程所含的检验批的质量验收记录应完整。

（2）分项工程所含的检验批均应符合合格质量的规定。

8.6.3　分部（子分部）工程质量验收合格的规定

（1）质量控制资料应完整。

（2）分部（子分部）工程所含分项工程的质量均应验收合格。

（3）地基与基础、主体结构和设备安装等分部工程有关安全及功能的检验和抽样检测结果应符合有关规定。

（4）观感质量验收应符合要求。

8.6.4　单位（子单位）工程质量验收合格的规定

（1）质量控制资料应完整。

（2）单位（子单位）工程所含分部（子分部）工程的质量均应验收合格。

（3）单位（子单位）工程所含分部工程有关安全和功能的检测资料应完整。

对涉及安全和使用功能的分部工程，应对检测资料进行复查。不仅要全面检查其完整性而且对分部工程验收时补充进行的见证抽样检验报告也要复核。

这是 16 字方针中的"强化验收"的具体体现。这种强化验收的手段体现了对安全和主要使用功能的重视。

（4）主要功能项目的抽查结果应符合相关专业质量验收规范的规定。

使用功能的抽查是对建筑工程和设备安装工程最终质量的综合检验，也是用户最为关心的内容。因此，在分项、分部工程验收合格的基础上，竣工验收时应再做一定数量的抽样检查。抽查项目在基础资料文件的基础上由参加验收的各方人员商定，并用计量、计数等抽样方法确定检查部位。竣工验收检查，应按照有关专业工程施工质量验收标准的要求进行。

（5）观感质量验收应符合的要求。

竣工验收时，须由参加验收的各方人员共同进行观感质量检查。检查的方法、内容、结论等已在分部工程的相应部分中阐述，最后共同确定是否通过验收。

8.6.5 验收记录的规定

（1）检验批质量验收记录可按表 8-5 进行。

检验批质量验收记录　　　　　　　　　　　　表 8-5

工程名称		分项工程名称			验收部位		
施工单位			专业工长		项目经理		
施工执行标准 名称及编号							
分包单位		分包项目经理			施工班组长		
	质量验收 规范的规定	施工单位检查评定记录				监理（建设） 单位验收记录	
主控项目	1						
	2						
	3						
	4						
	5						
	6						
	7						
	8						
	9						
一般项目	1						
	2						
	3						
	4						
施工单位检查 结果评定		项目专业质量检查员：　　年　月　日					
监理（建设） 单位验收结论		监理工程师： （建设单位项目专业技术负责人）　年　月　日					

（2）分项工程质量验收记录可按表 8-6 进行。

_____分项工程质量验收记录　　　　　　　表 8-6

工程名称		结构类型		检验批数	
施工单位		项目经理		项目技术负责人	
分包单位		分包单位负责人		分包项目经理	

序号	检验批部位、区段	施工单位 检查评定结果	监理（建设） 单位验收结论
1			
2			
3			
4			
5			
6			
7			
8			
9			
10			

检查结论	项目专业 技术负责人： 年 月 日	验收结论	监理工程师： （建设单位项目专业技术负责人） 年 月 日

（3）分部（子分部）工程质量验收记录应按表 8-7 进行。

分部（子分部）工程质量验收记录 表 8-7

工程名称			结构类型			层数	
施工单位			技术部门负责人			质量部门负责人	
分包单位			分包单位负责人			分包技术负责人	
序号	分项工程名称		检验批数	施工单位检查评定		验收意见	
1							
2							
3							
4							
5							
6							
质量控制资料							
安全和功能检验（检测）报告							
观感质量验收							
验收单位	分包单位			项目经理　年　月　日			
	施工单位			项目经理　年　月　日			
	勘察单位			项目负责人　年　月　日			
	设计单位			项目负责人　年　月　日			
	监理（建设）单位			总监理工程师（建设单位项目）　年　月　日			

（4）单位工程质量验收，质量控制资料核查，安全和功能检验资料核查及主要功能抽查记录，观感质量检查应按《建筑工程施工质量验收统一标准》的相关要求填写单位工程质量竣工验收记录。

8.6.6　质量不符合要求时的处理规定

（1）经返工重做或更换器具、设备的检验批，应重新进行验收。

在检验批验收时，其主控项目不能满足验收规范规定或一般项目超过偏差限值，或检验批中的某个子项不符合检验规定的要求时，应及时进行处理。其中，严重缺陷如无法修复时，应推倒重来；一般的缺陷可通过退修或更换器具、设备予以解决。应允许施工单位在采取相应的措施后重新验收。如能够符合相应的专业工程质量验收规范，则应认为该检验批合格。

（2）经有资质的检测单位检测鉴定能够达到设计要求的检验批，应予以验收。

个别检验批发生问题，例如混凝土试块强度不满足要求，难以确定是否应该验收时，应委托具有资质的法定检测单位检测。当鉴定结果能够达到设计要求时，该检验批仍应认为通过验收。

（3）经有资质的检测单位检测鉴定达不到设计要求，但经原设计单位核算认可能够满足结构安全和使用功能的检验批，可予以验收。

一般情况下，规范标准给出了满足安全和功能的最低限度要求，而设计往往在此基础上留有一些余量，两者的界限并不一定完全相等。不满足设计要求和符合相应规范标准的要求，两者并不矛盾。

（4）经返修或加固处理的分项、分部工程，虽然改变外形尺寸但仍能满足安全使用要求，可按技术处理方案和协商文件进行验收。

更为严重的缺陷或者超过检验批的更大范围内的缺陷，可能影响结构的安全性和使用功能。若经法定检测单位检测鉴定，确认达不到规范标准的相应要求，即不能满足最低限度的安全储备和使用功能要求，则必须按一定的技术方案进行加固处理，使之达到能满足安全使用的基本要求。这样有可能会造成一些永久性的缺陷，如改变结构外形尺寸，影响一些次要功能等。为了避免社会财富更大的损失，在不影响安全和使用功能条件下，可以按处理技术方案和协商文件进行验收，但责任方应承担经济责任。这一规定，给问题比较严重但是可以采取技术措施修复的情况一条出路，但应注意不能作为轻视质量回避责任的理由。

8.6.7　严禁验收的规定

通过加固或返修处理仍不能满足安全使用要求的分部工程、单位或子单位工程，严禁验收。

8.6.8　质量验收程序和组织

1. 工程质量验收的程序

为了落实建设参与各方各级的质量责任，规范施工质量验收程序，工程质量的验收均应在施工单位自行检查评定的基础上，按施工的顺序进行：检验批一分项工程—分部或子分部工程—单位或子单位工程。

单位工程完工后，施工单位应自行组织有关人员进行检查评定，并向建设单位提交工程验收报告。建设单位应及时组织有关各方进行验收。单位工程质量验收合格后，建设单位应在规定时间内将工程竣工验收报告和有关文件，报建设行政管理部门备案。

2. 工程质量验收的组织

建筑工程质量验收的组织及参加人员见表8-8。

建筑工程质量验收组织及参加人员 表8-8

序号	工程	组织者	参加人员
1	检验批	监理工程师	项目专业质量（技术）负责人
2	分项工程	监理工程师	项目专业质量（技术）负责人
	分部（子分部）工程	总监理工程师	项目经理、项目技术负责人、项目质量负责人
3	地基与基础、主体结构分部	总监理工程师	施工技术部门负责人 施工质量部门负责人 勘察项目负责人 设计项目负责人
4	单位（子单位）工程	建设单位（项目）负责人	施工单位（项目）负责人 设计单位（项目）负责人 监理单位（项目）负责人

注：有分包单位施工时，分包单位应参加对所承包工程项目的质量验收，并将有关资料交总包单位。

3. 工程竣工验收备案

单位工程质量验收合格后，建设单位应在相关规定时间内将工程竣工验收报告和有关文件等，建设行政管理部门备案。

第9章 安全文明与绿色施工

9.1 安全生产管理

安全生产管理是针对人们在生产过程中的安全问题，进行有关计划、组织、控制和决策等活动，实现生产过程中人与机械设备、物料、环境的和谐共存，达到安全生产的过程。

装配式综合管廊作为新兴行业，其安全施工管理涉及设计中的安全度、预制构件的生产安全、现场施工安全等各个环节，其规律特点还需理论结合实践不断摸索与总结。

9.1.1 主要安全管控措施

1. 装配式综合管廊结构施工主要危险源

装配式综合管廊结构施工主要危险源见表9-1。

装配式混凝土结构施工主要危险源 表9-1

活动	危险源	可能导致的事故	备注
材料堆放	现场大型构件种类多，现场构件堆放不稳	坍塌、物体打击	现场管理控制
运输	水平运输、垂直运输构件多	机械伤害、交通安全	现场管理控制
吊装	构件结构多样，由于吊装稳定性和控制精度差发生碰撞	物体打击	现场管理控制
	预制吊点不适用	物体打击	前期规划与设计协调设置预埋件
临边防护	构件无预埋件，在不破坏结构情况下无法安装防护设施	坠落	前期规划与设计协调设置预埋件
	为方便预制构件吊装、安装，作业面临边防护常有缺失	坠落	现场管理控制
	高处无防护，材料、机具易坠落	物体打击	现场管理控制

2.构件的出厂与运输安全措施

在对构件进行发货和吊装前，要事先和现场构件组装负责人确认发货计划书上是否记录有吊装工序、构件的到达时间、顺序和临时放置等内容。

（1）运输时安全控制事项

运输时为了防止构件发生裂缝、破损和变形等，选择运输车台架和运输车辆时应注意选择适合构件运输的运输台架和运输车辆；装卸货时要小心谨慎；运输台架和车斗之间应放置缓冲材料；运输过程中为了防止构件发生摇晃或移动，应用钢丝或夹具对构件进行充分固定；应走运输计划中规定的道路，并在运输过程中安全驾驶。

（2）装车时安全控制事项

构件运输一般采用平放装车方式或竖立装车方式。竖立装车时，应事先确认所经路径的高度限制，确认不会出现问题。平放装车时，应采取措施防止构件中途散落。另外，还应采取措施防止运输过程中构件倒塌。无论根据哪种装车方式，都需根据构件配筋决定台木的放置位置，不仅要防止构件运输过程中产生裂缝和破损，也要采取措施防止运输过程中构件散落，还需要考虑搬运到现场之后的便捷程度等。

装配式综合管廊结构构件装车见图9-1。

（a）　　　　　　　　　　　　　（b）

图9-1　装配式综合管廊结构构件装车图

3.吊装作业安全控制措施

吊装作业是装配式综合管廊结构施工总工作量最大、危险因素存在最长的工序。施工过程中应严格执行管控措施，以安全作为第一考虑因素，发生异常无法立即处理时，应立即停止吊装工作，待障碍排除后才可继续执行工作。

（1）吊装作业一般安全控制事项：

①起重机驾驶员、指挥工必须持有特殊工种资格证书。

②吊装前应仔细检查吊具、吊点、吊耳是否正常，若有异物充填吊点应立即清理干净，检查钢索是否有破损，日后每周检查一次，施工中若有异常擦伤，则立即检查钢索是否受伤。

③应检查塔吊公司执行日与月保养情况，月保养时亦须检查塔吊钢索。

④螺栓长度必须能深入吊点内 3cm 以上。起重安装吊具应有防脱钩装置。

⑤异型构件吊装，必须设计平衡用之吊具或配重，平衡时方能爬升。

⑥所有吊装、墙板调整与洗窗机下方应设置警示区域。

⑦构件必须加挂牵引绳，利于作业人员拉引。

⑧起吊瞬间应停顿 0.5min，测试吊具与塔吊之能率，并求得构件平衡性，方可开始往上加速爬升。

（2）吊具与支撑架安全控制

①支撑架与支撑木头

支撑架的横向支撑应以小型钢为主，有其他因素难以避免时，方得以木头支撑，且应以新购为原则，鹰架用的木头断面为 120mm×120mm，且不得有裂纹；若支撑架破孔或有明显变形，则不得使用，支撑时应注意垂直度，不可倾斜。

②吊具与螺栓

吊具使用前应检视是否锈蚀，螺栓应仔细检视牙纹是否与吊点规格纹路相同，螺栓长度是否足够。

③施工鹰架

支撑鹰架搭设时，必须挂上水平架，水平架的作用在于防止鹰架的挠曲，尤其鹰架高度大于 3.6m 时更显重要。

9.1.2　安全管理措施

1. 零事故目标

（1）零事故目标假设

由于安全事故危及人的生命并浪费大量钱财，所以需要花费成本进行有效管理。安全事故会造成成本的巨大浪费和损失。

"任何风险都可以控制，任何事故都可以避免"，对大系统而言：理论上可行，实际上很难做到。对小系统而言："理论上可行，实际上也能做到"。

对于整个装配式综合管廊结构施工而言是个大系统，但是可以划分成多个分项工程，再细化成若干个小环节，就变成小系统，只要各小系统事故为零，则整个装配式混凝土结构施工大系统就实现"零事故"。

（2）零事故目标管理

第一步：管理计划

相当于政策策略，包括工作的规划、管理行为的规划。现场的安全提示图、安全生产记录，可以时刻提醒作业人员，目标是什么，可以继续做什么。

第二步：实施

实施主要强调方法，过程中如何用一些方法保证规划、计划获得有效的落实。例如，采取安全生产责任制度、安全生产检查制度、安全生产宣传教育制度、劳动保护用品的管理制度、特种设备的安全管理制度等。

第三步：检查纠正

实施完后要检查纠正，对所有的事故或者先兆事故进行调查，一定要发现根本原因，然后采取有效的措施，不断地检查和纠正。

第四步：管理评审

作为一个体系的话，会有阶段性的评审，整个体系是一个循环的过程。零事故是个目标不是指标，当小系统发生意外，经过纠正，仍然可以以"零事故"为目标开展其他工作。

2. 安全生产讲评

安全生产讲评是指每天将作业现场安全生产状况、危险风险点、违规操作以及前一天安全生产实施情况等对所有的施工现场作业和管理人员进行集中讲评。使每名人员掌握每天的安全生产状况、危险风险点情况以及动火区域等安全注意事项，及时纠正生产过程中发现的违规操作，确保施工现场的生产安全和防火安全。主讲人必须是项目经理部经理、副经理、安全管理人员或施工技术人员。

工程项目可根据施工现场实际情况，在作业现场安全场地上或临建设施的空地上设立安全生产讲评板、讲评台开展讲评活动。每天至少在班前安排一次讲评活动，讲评时间控制在 5 ~ 10 分钟，要求主讲生动。

3. 项目安全总监

作为项目的安全管理人员，由于其领导人是项目经理，经常发生安全管理人员依据项目经理意愿，进行管理与整改。在施工企业内推行项目安全总监制度能够有效加强对在建项目的安全监督力度，有效提升企业安全管理水平。

项目安全总监是由上级委派的方式对项目进行安全监督指导，直接向上级汇报，不受项目经理制约。项目安全总监的具体工作包括做好安全总监日志、安全总监周报、月报等，将工地现场每日、每周、每月的施工进度情况、安全总监工作情况、现场安全隐患及整改情况、下阶段安全工作计划等通过文字及图片进行汇总并用邮件的方式上报给上级委派单位，由上级委派单位审阅批复并转发给工地所属单位领导及安全管理部门，让他们知晓工地现场的安全状况，同时利用他们与项目经理的上下级关系，督促项目经理加强现场安全管理、提高隐患整改力度。

（1）职责

项目安全总监并非项目安全员，主要审核开工前安全生产条件、监督项目安全管理组织架构、监督检查危险性较大分部分项工程安全专项施工方案落实情况，并及时向上传递重大危险源信息。监督施工现场执行公司文明施工标准化有关要求情况等，项目施工现场安全生产管理体系建立和运行情况以及管理程序。

（2）施工过程监督的流程

①对项目经理部出现拒不整改安全隐患或不停止施工的现象，项目安全总监应及时向上级安全管理部门报告。

②发现一般违规管理行为或安全隐患，应向项目经理部发出《项目安全隐患整改建议书》或《项目安全隐患整改通知书》。

③发现严重违规管理行为或安全隐患，应向项目经理部发出《项目停工令》、《项目停工令》中确定的安全隐患，项目经理部必须等安全隐患消除后才能以《工程复工报审单》的形式提出复工申请，获项目安全总监批准后方可恢复施工。

4. 数字化工地建设

生产过程数字化和生产管理数字化是企业现代化步伐的必然趋势，是企业走向开放和竞争市场的必经之路。

（1）从业人员实名制管理

我国当前的建筑行业是以施工企业工程总承包为依托，以劳务分包为作业主体进行的。农民工作为建筑市场的主要劳动力，有着劳动技能水平参差不齐、流动性强等特点，这就造成了建筑市场技能型作业队伍鱼龙混杂，给施工管理造成了巨大的困难。

实行施工现场作业人员实名制管理，是加强施工现场作业人员动态管理的具体举措。可促使各工程项目履行相应的管理和培训教育职责，对施工现场人员数量、年龄结构、技能培训、进出时间、工作出勤等基本情况充分了解和分析，制定针对性的教育管理和服务措施。

实名制管理是指通过健全劳务用工管理机制、完善相关管理制度，利用计算机、互联网现代科技手段，建立能动态反映施工现场一线作业人员实际情况的数据库、考勤册和工资册等实名管理台账，形成闭合式的管理体系。可实现在体检和健康档案管理实名制、劳动合同管理实名制、岗前培训和安全教育实名制、工作考勤实名制、工作聘用准入实名制、工资支付实名制的管理目标。国内各地政府逐步建立了施工现场劳务人员实名制管理系统，但管理内容简单，工程项目可根据实际需要拓展实名制管理的信息采集，参考表9-2。

施工现场实名制采集信息表 表 9-2

序号	类 别	内 容		备注
1	角色	参观检查人员、业主、监理、项目管理人员、现场作业人员、临时工人		
2	劳务人员身份基本信息	编号		身份证号
		姓名、照片、户籍住址、学历、家属联系信息等		
3	劳动关系信息	工种、劳动合同签订企业、劳动合同审查情况、社会保险卡号、健康体检信息		
4	培训、交底信息	职业技能持证情况、特种作业持证情况、施工现场培训交底及继续教育等信息、交底情况		包含名称、编号、有效期
5	诚信情况	奖惩记录		包含事由、日期、结果
6	准入情况	每日进入时间、出场时间		
7	时效性	进场日期、退场日期		
8	状态	正常、异常、清退、注销		

1）从业人员资格审查

总承包企业的分支机构或各子公司、分公司，各专业承包企业、劳务分包企业应在各自作业人员进场前向总承包项目部申报用工计划和作业人员基本信息。由项目部进行初审，必须符合以下基本条件：

①务工人员的招用，必须由劳务公司依法与务工人员签订劳动合同。劳动合同必须明确规定工资支付标准、支付形式和支付时间等内容。

②验证专业承包企业、劳务分包企业的施工资格，将"三证一书"即：营业执照、资质证书、安全生产许可证、法人授权委托书复印件整理归档。

③用工范围：年龄 18 ~ 60 岁，身体健康。熟练的技术操作工，有中级、高级技能职称的操作工优先录用，特殊工种人员必须具备行业执业资格证。

④岗前培训：根据员工素质和岗位要求，实行职前培训教育、在岗深造培训教育以及普法维权培训教育，提高员工的职业技能道德水平。

2）信息卡发放

对参观、检查等短期进场非施工人员发放临时信息卡，对项目业主、施工人员、项目监理、项目管理人员发放实名制信息卡。

3）信息备案与筛选

工程项目管理部应在作业人员办理进场登记 1 天内，将各类基本信息进行采集，以身份证号为唯一编号。采集作业人员初次进入工地的刷卡数据，并生成本工地人员名单，将教育培训等动态数据及时更新。

4）数据分析

通过对采集的信息进行分析或建立数据采集分析系统，发挥综合协调作用，强化专业承包、劳务分包的管理、企业的联动机制、综合协调运行机制。可以通过信息数据对工程项目人员进行关键信息查找；查询进场人员数量、工时、状态；建立工时统计，分析用工成本；规范管理流程，审查从业人员保险、资质、岗前培训、专项交底等必要监管程序的实施，不按时完成或违章进行警示；建立从业人员个人诚信评价体系，由项目部对处罚信息进行填写，并与分包单位评价相结合等。

（2）门禁管理系统

门禁管理系统是实名制管理中准入现场的重要手段，是数字化工程的子系统，具备人员考勤及出入人员身份认定、控制通行的功能。系统设备安装于人员出入处，主要由通道闸机、读卡设备、嵌入式控制计算机、摄像机及显示器构成。其通过显示证件所对应照片，验证证件的合法性以及有效性来控制人员的进出，供保安人工判断是否与刷卡人一致，从而保证了人证一致。

1）使用范围

可实施封闭式管理的建设工程项目，均可设置施工现场管理门禁系统，对所有出入作业区域的人员进行刷卡管理。

2）基本硬件配置

①车辆运输通道由警卫负责进出登记管理，人员进出通道设置考勤及出入门禁管理设施，并由警卫室进行监管。

②各工程项目明确分隔施工区域与非施工区域。在施工现场或作业区布置人

员进出通道和车辆运输通道，除保留进出主要通道和必要的安全消防通道，将施工区域全部封闭，并安排准专职值班人员值守，避免与工程无关的闲杂人员进入。

③门禁管理系统通道机采用三辊闸式，并具备防翻越设施及紧急情况人员快速疏散功能。主要通道用于记录功能可采用门式。

④门禁管理系统应能实时、醒目显示当前在作业区域的持有临时卡和实名卡的人数。

⑤门禁系统警卫室内有视频电脑等显示进出人员基本信息、系统报警的硬件设施，判断证件的有效性后可显示该证件对应的姓名照片等资料，保安可以据此进一步判断证件持有人与证件是否相符，杜绝借用、冒用证件的情况。

门禁管理系统核心是放行具有资格、符合管理流程的作业人员，对不符合或不具备资格管理流程的作业人员进行警告并禁止入内，通过项目部的管理转变成符合要求的人员予以放行或清退。

（3）人员和设备定位管理

人员和设备定位管理系统是集施工人员考勤、安全处罚、监督整改、区域定位、安全预警、日常管理等功能于一体的系统。使管理人员能够随时掌握施工现场人员、设备的分布状况及其运动轨迹，有利于进行更加合理的调度管理以及安全监控管理。

当事故发生时，救援人员可根据该系统所提供的图形与数据，迅速了解有关人员的位置情况，及时采取相应的救援措施，提高应急救援工作的效率。建筑工程建设的安全生产和日常管理随着这一科技成果的体现变得更完善。

【案例】上海某公司人员定位管理系统

上海某公司的人员定位管理系统是在进入工地施工的工人安全头盔外侧贴上一个2.45G有源RFID电子标签，利用微波技术掌握和追踪工人的行踪。该系统既可以通过安装在工人头盔中的RFID标签同门禁闸机联动控制人员出入，直接统计所有人员的工时数量；也能够提升项目安全生产监督的及时性和有效性。在工地主要位置设置数据接收器，采集人员位置信息，在管理系统进行标示，见图9-2。当项目安全监管人员在管理巡视中发现现场施工人员或设备发生违章操作时，可以直接通过数据接收器读取违章操作的人员身份信息，并对个人或所属分包队伍开具罚单、跟踪整改等，实现安全生产监督；同时在设备中利用定位芯片，还能够实现人员与设备间的安全距离监控，有效减少施工误操作引发的安全事故。

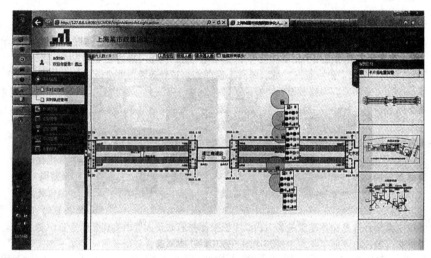

图9-2 人员定位管理系统界面示例

（4）远程视频监控

利用电子视频监控系统对建设工程施工现场的施工质量、施工安全、生产调度与现场文明施工和环境保护实现实时、不间断的、全过程的安全监管监控技术，近年来已被使用。其不但可以做到动静皆管的立体管理机制，还更有效地对建筑工程施工进行管理。

远程监控的应用使领导和管理部门能随时、随地直观地视察现场的施工生产状况，通过对工程项目施工现场重点环节和关键部位进行监控，尤其是对施工现场操作状况操作过程中的施工质量、安全与现场文明施工和环境卫生管理等方面起到了应有的监督。施工过程被录像存储备份，可随时查看监控内容，即使发生了一些事件，也利于事件发生后第一时间内查明发生原因，明确事件责任。

1）远程视频监控功能

①网络化监控，通过计算机网络，能做到在任何时间、任何地点，对任何现场进行实时监控。

②通过镜头及云台，对现场的部分细节进行缩放检视。通过视频监控系统对

重点环节和关键部位进行监控，可有效增加监控面，及时制止安全隐患及违章行为发生。

③可实现网络化的存储，可以实现本地或远程的录像存储及录像查询和回放。

④通过手机版、Pad版以及安卓版软件的开发，可在任何有网络的地方实现全方位监视。

2）视频监控摄像头安装位置

视频监控摄像头的位置应根据监控范围和监控目的要求设置。摄像头一般安装于结构附设塔吊的塔身上，随着操作层的升高，监控点也将对应上升，除对施工操作层进行全面监控外，同时可以鸟瞰整个施工工区。另外，摄像头也可装于工地进门处横梁上，以观察门卫管理情况；还可针对重大风险源实施位置设置摄像头。

3）远程视频可监控内容

①重大危险源监控

通过视频监控系统对工程项目施工中的重大危险源进行重点监控，及时掌握与了解危险性较大工程的施工进度和安全状态，对监控中发现的安全隐患或其他违规行为，责令施工现场立即进行施工整改或停工检查。必须进行远程监控的重大危险源包括：人工挖孔桩施工；外墙脚手架的搭设与施工；大型施工用起重机械等具有危险性较大的大型工程机械的拆装、加节、提升等施工和使用情况。

②施工现场安全防护情况监控

a.现场人工挖孔桩洞口边施工时，对洞口无防护、洞口附近堆放土石方、工人下井作业时未使用安全防护用品（安全帽、安全带）等情况进行实时监控；

b.对大型施工用起重机械（塔吊、施工电梯与施工井架）等具有危险性较大的大型工程机械的拆装、加节、提升等施工和使用、防护等情况进行重点实时监控；

c.对危险作业人员不按要求使用安全设施设备、施工现场人员未戴安全帽，未在施工现场人口处、施工起重机械、临时用电设施、脚手架、出入通道口、基坑边沿等设置明显的安全警示标志，施工现场乱接、乱拉电线、电缆，以及随意拖地等情况进行实时监控。

4）监控结果处理

视频监控系统发现违章事项，均可截图发放相应的工程项目管理部门进行针对性整改。

【案例】某公司远程视频监控系统

随着工程地域范围不断扩大，传统的"飞行检查"成本大、时间长，某公司开发了工程项目远程视频监控系统，并设置了视频监控中心（图9-3），对在建工程项目进行视频监控。

图 9-3　远程视频监控中心

目前国内可实现远程视频监控的技术服务企业很多。此公司使用了"全球眼"技术，其架构见图9-4。

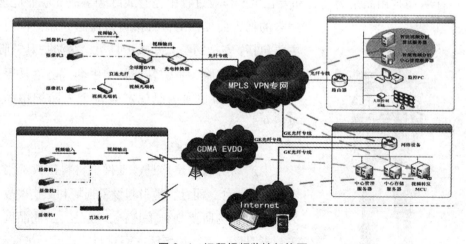

图 9-4　远程视频监控架构图

9.2 标准化施工

9.2.1 标准化施工意义

许多建筑施工现场实行的是粗放式管理，材料、器材、人工等浪费严重，生产成本高，经济效益低，能源消耗和发展效率极不匹配。若施工现场的安全管理不标准不规范，会导致模板支撑系统坍塌、起重机械设备事故等群死群伤的重大事故发生，这显然与时代要求发展不符，施工现场安全质量标准化是实现施工现场本质安全的重要途径，也是必需途径。

在施工过程中科学地组织安全生产，标准化规范化管理现场，使施工现场按现代化施工的要求保持良好的施工环境和施工秩序，强化安全措施，展示企业形象，减少施工事故发生。

施工现场实体安全防护的标准化主要包括四个方面：

（1）各类安全防护设施标准化；

（2）临时用电安全标准化；

（3）施工现场使用的各类机械设备及施工机具的标准化；

（4）各类办公生活设施的标准化。

9.2.2 标准化施工实施

1. 个人防护用品

个人防护用品是为使劳动者在生产作业过程中免遭或减轻事故和职业危害因素的伤害而提供的，直接对人体起到保护作用。主要包括：安全帽类、呼吸护具类、眼防护具、听力护具、防护服、防护鞋、防护手套、坠落具等。进入施工现场必须按照规定佩戴个人防护用品，见图 9-5。

2. 物料堆放标准

生产场所的工位器具、工件、材料摆放不当，不仅妨碍操作，而且容易引起设备损坏和工伤事故。为此，生产场所要划分毛坯区，成品、半成品区，工位器具区，废物垃圾区。原材料、成品、半成品应按操作顺序摆放整齐且稳固，尽量堆垛成正方形；

图 9-5 个人防护用佩戴图

生产场所的工位器具、工具、夹具、模具要放在指定的部位且安全稳妥,防止坠落和倒塌伤人;工件、物料摆放不得超高,堆垛的支撑稳妥且间距合理,便于吊装。流动物件应设垫块楔牢;各类标识清晰,警告齐全,见图 9-6。

（a） （b）

图 9-6 物料堆放图

3. 完工保护标准

在施工阶段为避免已完工部分及设备受到污染等人为因素损伤,各项设施必须以塑料布、海绵、石膏板等材料加以保护。

4. 运输车洗车槽

工地洗车槽是建筑工地上用来清洗工程运输车的清洁除尘设备,见图 9-7。工地洗车槽的清洁效果显著,能把工程运输车的车身、底盘和轮胎等位置做到全方位的清洗,确保工程运输车辆干净整洁。冲洗应满足以下要求:

（1）设置废水沉淀处理池,进行泥砂沉淀。

（2）洗车槽四周应设置防溢装置,防止洗车废水溢出工地。

（a） （b）

图 9-7 洗车槽样式图

5.暴露钢筋防护

工地内暴露钢筋比较多见，极易造成人员跌倒时或坠落时被刺穿，应对工地内向上暴露的钢筋钢材、尖锐构件等加装防护套或防护装置，见图9-8。

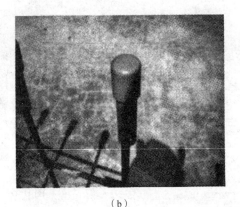

（a）　　　　　　　　　　　　　　　　　（b）

图9-8　竖向外露钢筋防护照片

6.临边防护网

建筑工程临边、洞口处较多，为防止人员坠落或物体飞落时能将其拦截，在必要位置需设置防护网，见图9-9。防护网可分为永久性和临时性。主要设置部位有建筑物临时性平台、管道间、塔吊开口等位置。

图9-9　防护网安装示意图

安全网的材料、强度、检验应符合国家标准，落差超过两层及以上要设置安全网，其下方有足够的净空以防止坠落物下沉撞及下面结构。安全网使用前应进行检查并进行耐冲击试验，确认其性能。

9.3　绿色施工

9.3.1　绿色施工原则

1. 绿色施工概念

绿色施工是指工程建设中，在保证质量、安全等基本要求的前提下，通过技术管理和科学管理，最大限度地节约资源与减少对环境负面影响的施工活动，实现"四节一环保"，即节能、节地、节水、节材和环境保护。绿色施工是以节约资源和保护生态环境为目标，对工程项目施工采用的技术和管理方案进行优化并实施，确保施工过程安全高效、产品质量严格受控。

绿色施工采用的强制性条文、主要的法规文件、施工规范和检验评定标准如下：

《绿色施工导则》（建质〔2007〕223 号）；

《建筑工程绿色施工评价标准》GB/T 50640；

《建筑工程绿色施工规范》GB/T 50905。

2. 装配式结构绿色施工的重要意义

国内外大量工程实践表明，采用预制混凝土结构替代传统的现浇结构可节约混凝土和钢筋的损耗，可节约 25% ~ 30% 的人工，总体工期也能缩短。同时，这种新模式打破了传统建造方式受工程作业面和气候条件的限制，在工厂里可以成批次的重复建造，即使在高寒地区施工也可实施，告别"半年闲"。可见，采用混凝土预制装配技术来实现钢筋混凝土建筑的工业化生产节能环保，具有重要的社会经济意义。

近些年发展迅速的装配式混凝土结构建筑及住宅，受到了施工、地产界的广泛关注，其省工、省财、环保、节能的特点与绿色施工的要求十分契合，为绿色施工提供了一个很好的平台。

3. 装配式结构绿色施工原则

（1）绿色施工是装配式综合管廊全寿命周期管理的一个重要部分。实施绿色施工应进行总体方案优化。在设计规划的阶段，应充分考虑绿色施工的总体要求，为绿色施工提供基础条件。

（2）绿色施工所强调的"四节"，即节能、节水、节地、节财，并非只以项目"经济效益最大化"为基础，而是强调在资源和环境保护前提下的"四节"，是强调以"节能减排"为目标的"四节"。

（3）实施绿色施工，应对施工策划、材料采购、现场施工、工程验收等各阶段进行控制，加强对整个施工过程的监督管理。

9.3.2 绿色施工管理体系建设

1. 绿色施工总体框架

绿色施工总体框架由施工管理、环境保护、节水与水资源利用、节材与材料资源利用、节能与能源利用、节地与施工用地保护六个方面组成（图9-10）。这六个方面涵盖了绿色施工的基本指标，还包含了施工策划、现场施工、材料采购、工程验收等各阶段的指标的子集。

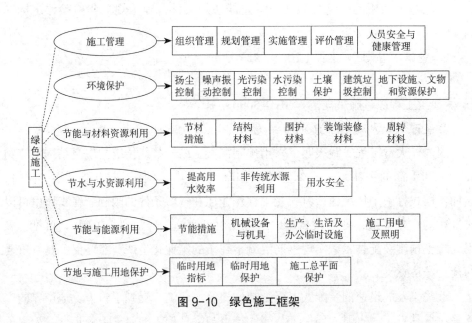

图 9-10　绿色施工框架

2. 绿色施工目标

施工项目应确立"四节一环保"目标，科学合理地分解与落实到工程各实施环节。项目工程施工阶段"四节一环保"目标内容应包括：

（1）施工期内万元施工产值能源消耗指标。通常以"吨标准煤/万元"施工产值为表述。

（2）施工期内万元施工产值水资源消耗指标及非传统水资源利用指标。通常以"m^3/万元"施工产值为表述。

（3）主要材料定额损耗率降低指标。通常状态下主要材料应包括商品混凝土、钢材及木料。如砌体砌量大的工程，还应包括商品砂浆及主要砌体等。指标值的控制是按行业定额损耗率，降低 ≥ 30%。

（4）节地与施工用地保护指标。一般应包括严格执行国家关于禁限使用黏土制品等规定，减少对土地及周边道路的占用与控制施工的土地扰动等。

（5）施工扬尘、光污染、施工噪声及施工污水排放控制指标，建筑垃圾再利用及周边环境保护指标。其中扬尘、光污染、噪声、污水均应达到国家与地方政府排放标准的要求；建筑垃圾产生量的回收和利用指标一般 ≥ 30%。

3.各层级管理职责分解

绿色施工管理体系应涵盖业主、设计单位、施工单位、构件加工单位等项目参建各方。其全过程管理见图 9-11。为了达到绿色施工的目标，项目参建各方应有全方位、立体式的团队合作，明确分工，各司其职，各尽其责，但必须明确的是：施工单位是具体落实绿色施工的责任主体。

（1）建设单位

建设单位应向施工单位提供建设工程绿色施工的相关资料，并且保证资料的完整性和真实性；在编制工程概算和招标文件时，建设单位应明确建设工程绿色施工的要求，提供包括工期、场地、环境、资金等方面的保障；应会同建设工程参建各方接受工程建设主管部门对建设工程实施绿色施工的监督、检查工作；组织协调建设工程参建各方的绿色施工管理工作。

（2）设计单位

装配式综合管廊在设计包括深化设计阶段应充分考虑工程项目绿色施工的可实施性和建设单位对绿色施工的要求，推广应用国家、地方和行业内倡导的绿色施工相关新技术，为绿色施工提供技术支持。

（3）构件生产单位

预制构件生产单位应负责对预制构件的图纸进行审核，特别注意节约、杜绝浪费。推广应用国家、地方和行业内倡导的绿色施工相关新技术，鼓励使用再生材料和绿色环保材料。

（4）施工单位

负责组织绿色施工各项工作的全面实

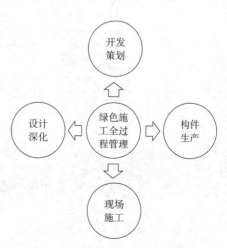

图 9-11　绿色施工全过程管理

施；编制绿色施工、绿色施工组织设计或绿色施工专项方案，负责绿色施工的教育培训和技术交底。

开展施工过程中绿色施工实施情况检查，对存在的问题进行整改；同时收集整理绿色施工的相关资料。

9.3.3 绿色施工实施

1. 项目立项

在编制工程概算和招标文件时，建设单位应明确建设工程绿色施工的要求，并提供包括工期、场地、环境、资金等方面的保障。

2. 设计阶段

（1）装配式综合管廊设计较常规建筑设计增加两个阶段：前期策划分阶段与后期构件深化设计阶段。PC 结构与现浇结构相比其中一个特点就是"前置"，前期的设计是整个工程绿色节能环保能够实现的关键。设计前期应考虑构件划分、制作、运输、安装的可行性和便利性，不可现场返工，要提高效率。PC 结构设计与常规设计的区别见图 9-12。

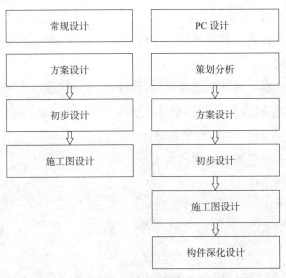

图 9-12　PC 设计与常规设计区别

（2）给水排水点位留置、强弱电点位、机电管线预埋、施工防护架所需孔洞等，这些都需要各个专业包括建筑、机电、结构、给水排水等反复沟通、统一图纸，装配式综合管廊有一体化设计需求（图 9-13），各专业间互为条件、互相制约，通过配合便于构件生产，最大限度实现最优方案，为现场绿色施工创造条件。

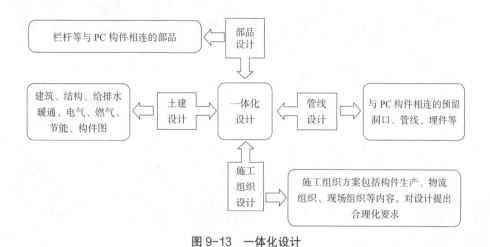

图 9-13 一体化设计

3. 构件生产阶段

（1）模具加工制作

为了减少模具投入量，提高周转效率，可将尺寸不一的预制构件划分为几个流水段（图 9-14），按照每一流水段模板的材料重复可利用原则，将预制构件按从大件至小件的顺序进行施工，拼装模具的通用部分可连续周转使用。另外高精度可组合模板体系的应用进一步降低了建造成本，提高了资源的利用效率。

（a） （b）

图 9-14 构件生产流水施工

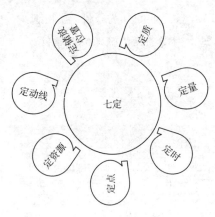

图 9-15　七定图示

（2）钢筋加工及混凝土浇筑

相比现场的钢筋平面连接通常采用绑扎和套筒机械连接，在加工厂生产钢筋基本采用焊接，精细化的生产可以减少钢筋废料、断料产生，并能大幅减少混凝土余料浪费。

4. 施工阶段

绿色施工应对整个施工过程实施动态管理，加强对施工策划、材料采购、施工准备、现场施工、工程验收等各阶段的监督管理。

（1）管理措施

针对装配式综合管廊绿色施工，可以参照"七定"施工管理，如图 9-15 所示

"七定"即：定质（定型、定尺）、定量、定时、定点、定资源、定搬运动线、定储放位置。

定质：物料、模具于进入厂区时即与设计图规格尺寸一致，减少二次加工所耗用的资源与人力。

定量、定时：物料、模具、构件、人力须在计划需求时程内以固定需求量于预订的时间进入厂区，勿让人等料。

定资源、定搬运动线、定储放位置、定点：任何的人、机、料均需在事前规划的计划下进行生产、仓储、运输及吊装。以固定的资源经由特定路线到达固定的点编码储放。除"七定"理论指导施工外，再加上 ERP（Enterprise Resource Planning）企业资源计划系统辅助所有相关的企业决策层及员工提供决策运行手段的管理平台方式，图 9-16 为 ERP 管理系统。

（2）技术措施

1）节能与能源利用

①设备节电

由于装配式综合管廊大量使用起重吊装设备，因此在前期施工策划阶段就应合理布局各施工阶段塔吊，优化塔吊数量、规格、型号。优化塔吊施工方案，应优选使用高效、低能耗用电设备同时减少吊塔投入，如变频塔吊、变频人货梯节约施工用电。

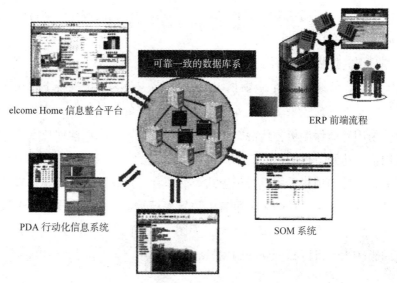

elcome Home 信息整合平台

可靠一致的数据库系

ERP 前端流程

PDA 行动化信息系统

SOM 系统

图 9-16　ERP 管理系统

相比传统施工工艺，装配式结构大量混凝土浇筑在工厂完成，施工现场需要浇筑的混凝土量大大减少，可减少现场混凝土振捣棒及电焊机的使用时间和数量。

②照明节电

工业化施工相比传统施工，有要求精确的构件吊装，避免了夜间施工，减少了照明用电。同时，由于减少了用工量，工人宿舍的照明用电也大有节约。

③节约工期降低能耗

穿插施工，即在主体结构施工后将后续工序分层合理安排，实现主体—外围—公共—户内各工种分段分层施工完成，做到三楼结构体吊装、一楼进行管道、设备安装和内部装修，通过高效的现场施工组织管理，可以减少建设周期、降低劳动强度，从而达到提高效率、缩短工期的目的。同时采用预制装配式技术，外墙不必抹灰，可以大幅提高施工速度，为穿插施工提供条件。

2）节水与水资源利用

①雨水、养护水的回收重复利用

场地内及洗车池设置雨水收集和利用设施，将雨水收集到一起，经过简单的过滤处理，用来浇灌花坛、冲刷路面。

②施工养护及生活节水

预制构件全部在工厂制造，现场干法装配，区别于传统泥瓦匠施工模式的"干法造房"，用于冲洗模板、洗泵等水量能大幅度减少。同时预制构件在加工场内采用循环水养护，现场现浇混凝土量减少。又因为施工机械和劳动力减少，可节约大量施工和生活用水。

3）节材与材料资源利用

装配式综合管廊采用预制构件，仅在连接节点处为现浇混凝土。在连接节点的暗柱处，其外侧模板采用预制外墙构件延伸过来的外保温层，符合绿色施工中所提倡的采用外墙保温板替代混凝土施工模板的技术。采用此项技术，可大大节约模板用量，达到节材的目的。

装配式构件的顶板采用叠合板形式，底座在工厂预制，上部叠合层在吊装完毕后现场浇筑。采用这样的工艺可省去顶板模板，且叠合板支撑体系可采用独立钢支撑配合铝合金或木工字梁的体系，如图 9-17 所示，这种体系不用横向连接，且立杆间距较大，可以减少立杆的用量。

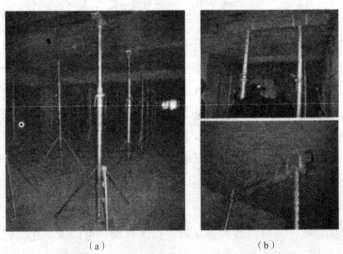

（a）　　　　　　　　　　　（b）

图 9-17　独立钢支撑配合铝合金及木工字梁体系

常规现浇结构中有大量施工材料需转运，运输次数及二次周转费用相应增加，由于装配式结构中各种材料减少，运输以及二次周转成本大大降低，可节约大量物力并可提高工作效率，也降低了运输过程中的潜在危险。

4）节地措施

装配式综合管廊主要占用场地的材料为模板和预制构件，周转材量很。由于现场干粉砂浆、钢筋等材料用量大幅降低，堆场所需空间缩小，可以制作简易构件支架竖向放置，进一步缩小用地空间（图 9-18）。

5）环境保护

装配式综合管廊结构的预制构件在工厂内集中生产，极大地减少了现场混凝土浇筑、钢筋绑扎等工序作业量，现场浇筑混凝土量减少。装修采用干法施工，摹绘、现场砌筑等工程量大幅降低；采用集中装修现场拼装方式，减少了二次装修产生的建筑垃圾污染。建筑构件及配件可以全面使用环保材料，减少有害气体和污水的排放，减少施工粉尘污染的现象等，有利于环境保护。

图 9-18　构件堆放

（3）资料收集

施工单位应建立企业管理层面的绿色施工资料管理制度，并指导项目部制定相应的制度。为使制度得到有效实施还应制订相应的责任制。总包单位是实施绿色施工的责任单位，总包单位施工项目部是具体落实绿色施工的责任主体，应负责记录收集、整理绿色施工的各类管理资料，其内容包括制度、规划、文件、台账、检查记录等。分包单位应登记各自分包施工部分的相应资料，及时提交总包项目部。总包项目部负责项目部绿色施工记录通过统一组卷分类，装订成册。

绿色施工管理资料的真实性、及时性和完整性是衡量资料管理质量的基本要求。所有资料上的数据必须要有可靠的依据。

项目部定期组织相关人员就绿色施工专项方案的实施情况开展检查活动，并做好检查记录。对项目部和上级部门检查中发现的问题，项目部应认真组织整改反思，并做好整改记录。

（4）考核与评价

绿色施工是项目施工全过程，确定"四节一环保"目标，制定技术措施并实施管理的施工活动。施工项目的类别和特点是制定技术措施的主要依据。"四节一环保"目标的成效也应反映在项目施工过程中。因此绿色施工的考核评价必须以施工项目为对象，贯穿施工全过程。企业和项目部根据相应奖惩制度在实施绿色施工的过程中针对相关部门、相关分包单位及相关人员的优劣表现开展奖惩活动，并做好奖惩记录。项目部根据相关制度对绿色施工的实施情况定期做出评价，并做出书面评价报告。评价报告在总结和肯定成绩的同时，找出问题和差距，提出整改措施，落实改进措施。

施工单位是绿色施工活动的责任主体。施工单位对施工项目下达"四节一环保"目标，并对目标的落实实行检查、考核与评价，是企业开展绿色施工活动的主要手段。考核评价应落实责任、明确要求、形成制度。

对于项目部绿色施工考核不合格的施工项目必须按照考核标准进行整改，直至评价合格。考核评价实为绿色施工推进的手段，只有对发现问题的整改，才能实现绿色施工的实际推进。

项目工程发生下列情况之一者，不得评为绿色施工工程：

1）发生安全生产伤亡责任事故；

2）媒体曝光造成严重社会影响；

3）发生质量事故，直接损失在100万元以上或造成严重社会影响的事件。

附录　混凝土原材料的选用

1. 混凝土胶凝材料

根据耐久性的需要，单位体积混凝土的胶凝材料用量不能过少也不能过多。过多用量会加大混凝土的收缩，使混凝土更加容易开裂，因此应控制胶凝材料的最大用量。单位体积混凝土的胶凝材料用量宜控制在附表 1 规定的范围内。

最低强度等级	最大水胶比	最小用量 (kg/m³)	最大用量（kg/m³）
C25	0.60	260	
C30	0.55	280	400
C35	0.50	300	
C40	0.45	320	450
C45	0.40	340	
C50	0.36	360	480
≥ C55	0.36	380	500

单位体积混凝土的胶凝材料用量 　附表 1

注：1. 表中数据适用于最大骨料粒径为 20mm 的情况，骨料粒径较大时宜适当降低胶凝材料用量，骨料粒径较小时可适当增加；

2. 引气混凝土的胶凝材料用量与非引气混凝土要求相同；

3. 对于强度等级达到 C60 的泵送混凝土，胶凝材料最大用量可增大至 530kg/m³。

不同环境作用下，混凝土胶凝材料中矿物掺合料的选择也不同。混凝土胶凝材料除了水泥中的硅酸盐水泥外，还包括水泥中具有胶凝作用的混合材料（如粉煤灰、火山灰、矿渣、沸石岩等）以及配制混凝土时掺入的具有胶凝作用的矿物掺合料（粉煤灰、磨细矿渣、硅灰等）。对胶凝材料及其中矿物掺合料用量的具体规定如附表 2 所示。

不同环境作用下胶凝材料品种与矿物掺合料用量的限定范围 　附表 2

环境类别与作用等级		可选用的硅酸盐类水泥品种	矿物掺合料的限定范围（占胶凝材料总量的比值）	备注
I	I-A（室内干燥）	PO, P I, P II, PS, PF, PC	$W/B=0.55$ 时，$\dfrac{\alpha_f}{0.2}+\dfrac{\alpha_s}{0.3} \leqslant 1$ $W/B=0.45$ 时，$\dfrac{\alpha_f}{0.3}+\dfrac{\alpha_s}{0.5} \leqslant 1$	保护层最小厚度 $c \leqslant 15mm$ 或 $W/B > 0.55$ 的构件混凝土中不宜含有矿物掺合料

续表

环境类别与作用等级		可选用的硅酸盐类水泥品种	矿物掺合料的限定范围（占胶凝材料总量的比值）	备注
I	I-A（水中） I-B（长期湿润）	PO，PI，PII，PS，PF，PC	$\dfrac{\alpha_f}{0.5}+\dfrac{\alpha_s}{0.7}\leqslant 1$	保护层最小厚度 $c\leqslant 15mm$ 或 $W/B>0.55$ 的构件混凝土中不宜含有矿物掺合料
	I-B （室内非干湿交替） （露天非干湿交替）	PO，PI，PII，PS，PF，PC	$W/B=0.5$ 时，$\dfrac{\alpha_f}{0.2}+\dfrac{\alpha_s}{0.3}\leqslant 1$ $W/B=0.4$ 时，$\dfrac{\alpha_f}{0.3}+\dfrac{\alpha_s}{0.5}\leqslant 1$	保护层最小厚度 $c\leqslant 20mm$ 或水胶比 $W/B>0.5$ 的构件混凝土中胶凝材料中不宜含有掺合料
	I-C（干湿交替）	PO，PI，PII，		
II	II-C，II-D，II-E	PO，PI，PII，	$W/B=0.5$ 时，$\dfrac{\alpha_f}{0.2}+\dfrac{\alpha_s}{0.3}\leqslant 1$ $W/B=0.4$ 时，$\dfrac{\alpha_f}{0.3}+\dfrac{\alpha_s}{0.4}\leqslant 1$	
III	III-C，III-D，III-E，III-F	PO，PI，PII，	下限：$\dfrac{\alpha_f}{0.25}+\dfrac{\alpha_s}{0.4}=1$ 上限：$\dfrac{\alpha_f}{0.42}+\dfrac{\alpha_s}{0.8}=1$	当 $W/B=0.4\sim0.5$ 时，需同时满足 I 类环境下的要求；如同时处于冻融环境，掺合料用量的上限尚应满足 II 类环境要求
IV	IV-C，IV-D，IV-E			
V	V-C，V-D，V-E	PI，PII，PO，SR，HSR	下限：$\dfrac{\alpha_f}{0.25}+\dfrac{\alpha_s}{0.4}=1$ 上限：$\dfrac{\alpha_f}{0.5}+\dfrac{\alpha_s}{0.8}=1$	当 $W/B=0.4\sim0.5$ 时，矿物掺合料用量的上限需同时满足 I 类环境下的要求；如同时处于冻融环境，掺合料用量的上限尚应满足 II 类环境要求

表中水泥品种符号说明如下：PO——掺混合材料 6%～15% 的普通硅酸盐水泥，PI——硅酸盐水泥，PII——掺混合材料不超过 5% 的硅酸盐水泥，PS——矿渣硅酸盐水泥，PF——粉煤灰硅酸盐水泥，PC——复合硅酸盐水泥，SR——抗硫酸盐硅酸盐水泥，HSR——高抗硫酸盐水泥，PP——火山灰质硅酸盐水泥。

表中的矿物掺合料指配制混凝土时加入的具有胶凝作用的矿物掺合料（粉煤灰、磨细矿渣、硅灰等），也指水泥生产时加入的具有胶凝作用的混合材料，不包括石灰石粉等惰性矿物掺合料。但在计算混凝土配合比时，要将惰性掺合料计入胶凝材料总量中。表中公式中 α_f，α_s 分别表示粉煤灰和矿渣占胶凝材料总量的比值。当使用 PI、PII 以外的掺有混合材料的硅酸盐类水泥时，矿物掺合料中应计入水泥生产中已掺入的混合料，在没有确切水泥组分的数据时不宜使用。

表中用算式表示粉煤灰和磨细矿渣的限定用量范围。例如一般环境中干湿交替的 I-C 作用等级，如混凝土的水胶比为 0.5，有 $\alpha_f/0.2 + \alpha_s/0.3 \leqslant 1$。如单掺粉煤灰，$\alpha_s=0$，$\alpha_f \leqslant 0.2$，即粉煤灰用量不能超过胶凝材料总重的 20%；如单掺磨细矿渣，$\alpha_f=0$，$\alpha_s \leqslant 0.3$，即磨细矿渣用量不能超过胶凝材料总重的 30%。双掺粉煤灰和磨细矿渣，如粉煤灰掺量为 10%，则从上式可得矿渣掺量需小于 15%。

粉煤灰用作矿物掺合料时，应选用游离氧化钙含量不大于 10% 的低钙灰；冻融环境下，混凝土的粉煤灰掺合料用于引气时，其含碳量不宜大于 1.5%；抗硫酸盐硅酸盐水泥不宜在氯化物环境下使用。

硫酸盐化学腐蚀环境中，当环境作用为 V-C 和 V-D 级时，水泥中的铝酸三钙含量应分别低于 8% 和 5%；当使用大掺量矿物掺合料时，水泥中的铝酸三钙含量可分别不大于 10% 和 8%；当环境作用为 V-E 级时，水泥中的铝酸三钙含量应低于 5%，并应同时掺加矿物掺合料。

硫酸盐环境中使用抗硫酸盐水泥或高抗硫酸盐水泥时，宜掺加矿物掺合料，但在水泥和矿物掺合料中，不得加入石灰石粉。当环境作用等级超过 V-E 级时，应根据当地的大气环境和地下水变动条件，进行专门实验研究和论证后确定水泥的种类和掺合料用量，且不应使用高钙粉煤灰。

对可能发生碱一骨料反应的混凝土，宜采用大掺量矿物掺合料；单掺磨细矿渣的用量占胶凝材料总重 $\alpha_s \geqslant 50\%$，单掺粉煤灰 $\alpha_s \geqslant 40\%$，单掺火山灰质材料 $\geqslant 30\%$，并应降低水泥和矿物掺合料中的含碱量和粉煤灰中的游离氧化钙含量。

2. 混凝土中氯离子、三氧化硫和碱含量

混凝土中的氯离子含量的测定，可通过先对所有原材料的氯离子含量进行实测，然后加在一起求得；也可以从新拌混凝土和硬化混凝土中取样化验求得。氯离子能与混凝土胶凝材料中的某些成分结合，所以从硬化混凝土中取样测得的水溶氯离子量要比原材料氯离子总量低。配筋混凝土中氯离子的最大含量（用单位体积混凝土中氯离子与胶凝材料的重量比表示）不应超过附表 3 的规定。

不得使用含有氯化物的防冻剂和其他外加剂；重要结构的混凝土不得使用海砂配制。一般工程受取材条件限制不得不使用海砂时，混凝土强度等级不宜低于 C40，水胶比应低于 0.45，并适当加大保护层厚度或掺入化学阻锈剂；对于一般环境作用下的钢筋混凝土构件，使用酸溶法测量硬化混凝土的氯离子含量时，氯离子酸溶值的最大含量限制可大于现行国家标准《混凝土结构耐久性设计规范》GB/T 50476 表 B2.1 水溶值的 1/4 ～ 1/3。

单位体积混凝土中三氧化硫的最大含量不应超过胶凝材料总量的4%。

混凝土中氯离子的最大含量（水溶值） 附表3

环境作用等级	构件类型	
	钢筋混凝土	预应力混凝土
I-A	0.3%	
I-B	0.2%	
I-C	0.15%	0.06%
III-C, III-D, III-E, III-F	0.1%	
IV-C, IV-D, IV-E	0.1%	
V-C, V-D, V-E	0.15%	

注：对重要桥梁等基础设施，各种环境下氯离子含量均不应超过0.08%。

矿物掺合料带入混凝土中的碱可按水溶性碱的含量计入，单位体积混凝土中的含碱量应满足以下要求：

（1）对骨料无活性且处于干燥环境条件下的混凝土构件，含碱量不超过 $3.5kg/m^3$，当设计使用年限为100年时，混凝土的含碱量不超过 $3kg/m^3$。

（2）对骨料无活性但处于潮湿环境（相对湿度≥75%）条件下的混凝土结构构件，含碱量不超过 $3kg/m^3$。

（3）对骨料有潜在活性且处于潮湿环境（相对湿度≥75%）条件下的混凝土结构构件，可参考国内外相关预防碱-骨料反应的技术规程以及国外相关标准，严格控制混凝土含碱量并掺加矿物掺合料。

3. 混凝土骨料

配筋混凝土中的骨料最大粒径应满足附表4的规定。

配筋混凝土中骨料最大粒径（mm） 附表4

混凝土保护层最小厚度（mm）	20	25	30	35	40	45	50	≥60
环境作用 I-A，I-B	20	25	30	35	40	40	40	40
I-C，II，V	15	20	20	25	25	30	35	35
III，IV	10	15	15	20	20	25	25	25

混凝土骨料应满足骨料级配和粒形的要求，并应采用单粒级石子两级配或三级配投料；混凝土用砂在开采、运输、堆放和使用过程中，应采取防止遭受海水污染或混用海砂的措施。

参考文献

[1] 上海隧道工程股份有限公司.装配式混凝土结构施工 [M].中国建筑工业出版社，2016.

[2] 石光明，邹科华.建筑工程质量控制与验收 [M].中国环境出版社，2013.

[3] 黄宇星，祝磊，叶桢翔，王元清，石永久.预制混凝土结构连接方式研究综述 [J].混凝土，2013，1.

[4] [日]社团法人预制建筑协会.预制建筑总论（第一册）[M].中国建筑工业出版社，2012，6.

[5] 刘荣桂，曹大富，陆春华.现代预应力混凝土结构耐久性 [M].科学出版社，2013，6.

[6] Jan B.Durability of Engineering Structures-design，Repair and Maintenance，Boca Raton:CRC Press，2003.